根っからの文系のためのシンプル数学発想術

喚醒你與生俱來的數學力

重整邏輯思考系統
激發數理分析潛能的七個關鍵概念

永野裕之——著　劉格安——譯

前言

你自認數學不夠好嗎？

我因為工作的關係，時常有學生前來諮詢未來的升學方向，但有一件事始終讓我耿耿於懷，就是很多人會「因為數學（理科）不好」而選擇文組，或「因為國文（文科）不好」而選擇理組。歸根究柢，區分文組、理組的用意是在於區分出個人有興趣的領域，而**不是為了把個人不擅長的特定領域強化為一項既定的事實**。我在提供升學意見時，一定會問學生：

「你的夢想是什麼？你喜歡什麼科目？」

然後再根據學生的回答，一起思考哪一所大學、什麼科系比較適合他，盡量不讓選擇文組或理組這件事情干擾到他的升學方向。

你的情況又是如何呢？

如果你是以將來的夢想或喜歡的科目為基準而選擇文組，那麼數學好不好基本上不會左右你的升學方向。或許數學這個科目根本就難不倒你。總之，至少你不會因為自己是文組，就對數學懷抱著自卑感。如果你是這種名副其實的「文組」學生的話，那這本書恐怕對你的幫助會少一些（話雖如此，若你願意撥冗一讀，我還是會很高興的！）。

但是，如果你是因為想逃避數學才選擇文組的話，就另當別論了。過去你在自稱「文組」學生的時候，是否下意識地認為：

「因為我是文組，所以數學不好」呢？

另一方面，你會願意翻閱這本書，也是因為覺得「如果能夠以數學的邏輯來思考，似乎對工作或生活有幫助」，對吧？利用數學來思考事情，確實能讓人生更方便、更合乎邏輯，而且更有創造力。如果你明明嗅出了這樣的味道，卻因為

「反正我沒那個天分……」

這麼想而放棄的話就太可惜了。不過現在你可以放心了，因為本書就是為了這樣的你而存在的！在這本書的一開始，我想先強調一件事：**以數學的邏輯來思考事情並不需要任何「天分」**。除非你的目標是成為全世界首屈一指的數學家，否則把數學活用在日常生活中，根本不需要什麼特別的天分。

接下來，只要讀完這本書，**你一定能學會如何以數學的邏輯來思考事情**。同時你也會明白，「因為我是文組，所以數學不好。」這句話的「因為……所以……」之間其實毫無因果關係。從此以後，你不再是那個「因為數學不好」而選擇文組的人，你大可堂堂正正地告訴別人：「因為我想鑽研的科目是文科，所以我選擇文組。」

學習數學的意義

我想所有對數學感到頭痛的人，求學期間應該都曾痛不欲生地心想：

「為什麼要逼我學數學呢？」

換作是國文或英語等科目，即使再怎麼棘手，也很少有人會去懷疑學習這些科目的目的，但數學對許多學生來說，或許是個無法理解「學習意義」的科目。在此，我想向各位分享一句我經常引用的愛因斯坦（Albert Einstein）的名言：

「教育就是當一個人把在學校所學全部忘光之後剩下的東西。透過這股力量培養出能夠獨立思考、行動的人，並解決社會面臨的各種問題。」

大部分的人出了社會以後，應該就很少有機會解一元二次方程式、計算向量內積或是微分吧。如果學習數學的目的，只是為了熟習這些計算技術，那麼對大多數人來說，學習數學的確是沒什麼意義的事。一開始就只要針對那些工作上需要用到這些專業技術的人授課即可。然而實際上，幾乎所有已開發國家，都把數學納入義務教育的一環。

這是為什麼呢？

因為學習數學是一種培養邏輯思考能力的方式。一元二次方程式或向量都只是用來鍛鍊邏輯力的工具而已。

「邏輯思考能力」是一種不分文組、理組，所有人都應該具備的能力，這一點我想應該不會有人有異議。在這個早已邁入國際化、資訊化社會的時代，想要不說話就達到「心有靈犀一點通」的境界，幾乎已是一種幻想。當一群成長環境不同、想法不同的人聚在一起，試圖解決各種以往未曾碰過的問題時，自然而然必須具備理解他人想法、用自己的想法說服他人的表達能力，以及任何情況下都能將問題抽絲剝繭、解疑釋結的能力。邏輯力就是實現這一切的基礎能力，因此為了鍛鍊邏輯力，所有人都必須學習數學。

語文能力才是數學能力的基礎

在我的補習班，所有數學不好卻能在短期間內克服的學生，都有一個共通點，就是**具備優異的語文能力。**尤其是能夠按照清楚的條理建構文章，或是能夠將別人的話轉換成自己的方式表達的人。由於他們本身在邏輯思考方面，早已具備最基礎的能力，因此能夠迅速吸收我所傳授的正確讀書技巧，並且在短時間內提升數學能力。

反之，那些語文能力不佳的學生大多不見成效。不用說也知道，人類在思考事情時，使用的工具正是語言。如果缺乏一定程度的語文能力，自然無法建構出強而有力的邏輯思維。

在此稍微岔題一下，我個人對於數學的早期教育或提前學習之必要性是充滿懷疑的。就算比別人早一點學會微分，又有什麼意義呢？如果不曉得牛頓（Sir Isaac Newton）或萊布尼茲（Gottfried Wilhelm Leibniz）是在何種動力驅使下推導出微分的概念，而這項概念又是多麼無人能及的貢獻，那麼學習微分是沒有任何意義的。與其盲目地讓學齡前兒童提早學習算術或練習數學計算題，我個人強烈建議鼓勵孩子多讀書、累積各式各樣的經驗，藉以培養好奇心並提升整體的「國文能力」。能夠用自己的語言進行完整的思考分析，不但對將來大有助益，也是培養數學能力的基礎。如果將來想讓自己的孩子考上東京大學，我希望你能將孩子培養成一個能夠清楚向他人解釋「為什麼想進東大」、「考上東大以後想做什麼」的孩子。如此一來，他自然而然會具備應有的學習能力。

本書特別是為了那些自認數學不好的「標準文組生」所寫的。這是因為我一向認為，

擅長閱讀或寫作卻不擅長數學是一件矛盾的事。不過我也深知那些討厭數學的人，對於數學算式是多麼地感冒，因此本書盡可能減少使用數學算式的頻率，連排版都乾脆採取直書的形式。雖然相關的數學內容，若必須以數學算式說明時會採橫書排版（真的很少！），但橫書的部分即使跳過不讀，也不至於影響你對通篇文章的理解。儘管**不用數字或算式來傳授數學思考的訣竅**難度頗高，但為了證明扎實的國文能力是數學能力的泉源，同時也為了讓你瞭解學習數學的用意和意義，我認為這是一件相當值得挑戰的事情。

另外，通常不擅長數學的人，只要一聽到「數學」，就會聯想到複雜、困難，但**數學其實是一門講求簡單與明快的學問**。如果本書介紹的思考術能讓你覺得「其實數學出乎意料地簡單嘛～」，那麼我將感到無比欣慰。

本書的使用方法

這是一本替覺得自己數學不行的人，喚醒與生俱來的數學力和邏輯思考力的書。本書最大且唯一的目標，就是讓你在讀完本書時，發現

「哇，原來我也有數學思考力啊！」

從而**意識到運用數學來進行思考的過程**。

我在本書中，將「數學思考術」從七個面向進行彙整。

①　整理
②　順序概念
③　轉換
④　抽象化
⑤　具體化
⑥　逆向思考
⑦　培養數學的美感

如何？其中至少有幾項會讓你心想

「啊，這種思考方式好像平常就在使用了」

對吧？我想再強調一次，數學並非專屬於那些有「天分」的人。運用數學邏輯進行思考是任何人都做得到的事。甚至有許多人**早已在無意識之間運用數學邏輯進行思考了**。

但是能不能「有意識地」運用數學邏輯進行思考，卻是南轅北轍的兩件事。在無意識的情況下，我們如果不依賴「靈光一閃」和「直覺」等，就沒有辦法解決問題，也無法想出什麼好主意，但如果能夠瞭解如何運用數學邏輯進行思考，並且明確意識到這件事的話，**不但能夠順利解決問題，而且必然能夠開創出他人眼中的嶄新思維。**同時你說出口的話會格外具有說服力，讓人想不側耳傾聽都難。

在此誠摯希望本書能夠幫助你激發體內潛沉已久的數學力。

永野裕之

目錄

前言 3

第1章 **喚醒你的數學力 17**

數學式的文章解讀法 19

發現自己的數學力 49

第2章 **什麼是數學力？ 51**

算術與數學是兩碼子事 52

任何人都具備的數學力 58

提升數學力的祕訣就是「停止背誦」 60

讓靈光一閃成為必然的現象 71

第3章

數理性思維的七個面向 73

瞭解七個面向，激發內在數學潛能 74

面向1

整理 75

透過「歸納整理」導出事物背後的隱藏訊息。

透過分類推理出隱藏性質 76
為什麼血型占卜這麼受歡迎？ 81
要學習「圖形的特性」的理由 82
在科學史上留下重要足跡的「數學式」分類 83
乘法式整理 87
次元增加，世界就會變寬廣 91
意願－能力（Will-Skill）矩陣 93
準備一份高效率的檢查表 94
ECRS檢查表（改善四原則） 96

面向2 順序概念 98

培養「順序概念」，讓決策和證明遵從邏輯、萬無一失。

選擇時由大到小 99
必要條件和充分條件 102
合理選擇的原則 105
關於「證明」 107
正確的證明是由小到大 109
「風一吹，木桶店就會賺錢」是真命題嗎？ 117

面向3 轉換 123

熟悉「等價／因果轉換」提升說服力，做出準確決定。

換句話說 126
活用等價變換 133
理解「函數」 135
函數才是真正的因果關係 141

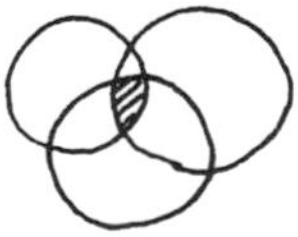

① 設想的「原因」是否為自變數 142
② 「原因」是否只對應到一種結果 145

面向4 抽象化 148

以「抽象化」看穿事物共通的本質，將複雜現實簡化成單純模式。

抽象化＝推敲出本質 150
歸納出共通的性質 150
生活中隨處可見的抽象化 155
抽象化的練習 157
模型化 159
圖論 162
柯尼斯堡七橋問題 163
圖論的應用 167

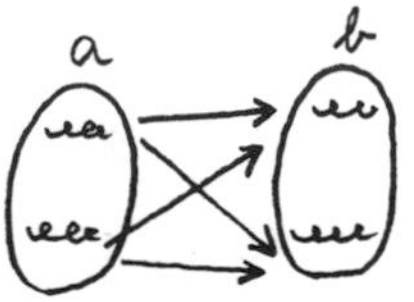

面向 5 **具體化** 172

透過舉例、譬喻等方法將想法、訊息「具象化」，讓傳達不失真，說服力大幅上升。

提出具體實例 174

「譬喻」是具體實例的進化型 178

從名言當中學習如何創造貼切的譬喻 179

往返於具體與抽象之間 183

演繹法和歸納法 188

演繹法和歸納法的缺點 190

什麼情況適用演繹法和歸納法？ 193

面向 6 **逆向思考** 197

懂得「逆向思考」，以多元視角觀看事物，避開不必要的麻煩，發現解答就近在眼前。

能平息怒火的「ABC理論」 201

逆、否、對偶命題 206

反證法 215

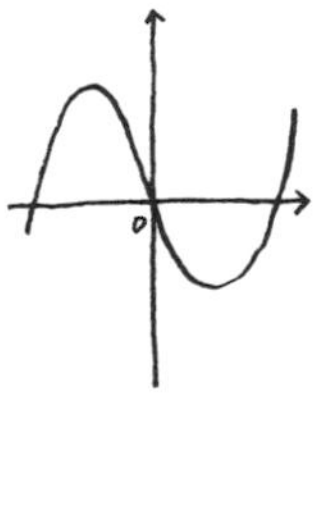

阿基米德與王冠 217

反證法的陷阱 219

面向 7 培養數學的美感 222

發現並感受「數學之美」，就能在必要時刻反射性的發揮「數學式思考」的力量。

指揮家的練習 223

古典音樂的特徵 224

和弦與和弦記號 225

數學和音樂的共通點 230

講求合理性 235

利用對稱性 236

追求一致性 241

後記 246

參考文獻 255

第1章

喚醒你的數學力

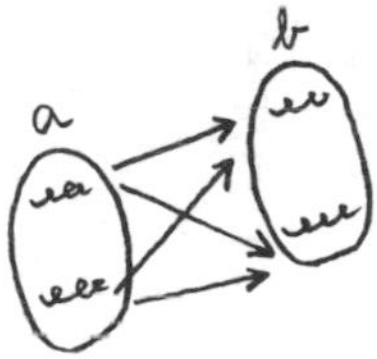

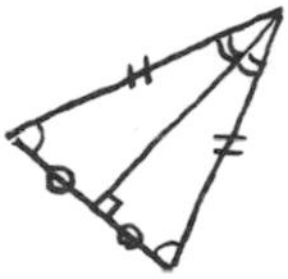

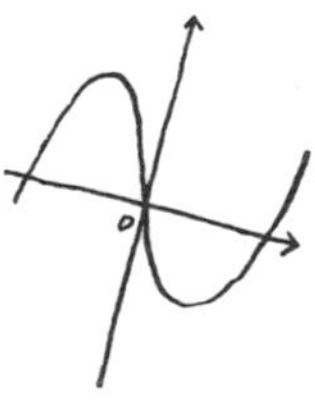

請思考以下的問題（抱歉一開始就出題考你）。

【問題】請在以下的括號中，填入正確的答案。

甲、乙、丙三人正在接受面試，其中只有一人說的是事實，另外兩人說的都是謊話。

甲說：「乙在說謊。」

從這句話可推知，（　）肯定在說謊。

很像一道謎題吧？但這道經典的問題可是出自二〇〇四年慶應義塾大學環境情報學部的入學考試。而且值得一提的是，這是一道「數學」考題。這道題目的答案和解析過程如下：

【解答】丙

【解說】假設甲說的是事實，又說謊者有兩人，即代表乙和丙在說謊。反之，假設甲在說謊，那麼「乙在說謊」這句話即為謊言，故乙說的是事實。由於說謊者有兩人，因此丙是另一位說謊者。根據以上兩種情況可推知，不論是哪種情況，丙肯定是說謊者之一。

所謂的數學力，就是運用這種方式進行邏輯思考的能力。從數學力的根基來看，計算速度快、懂得解方程式或推導問題，都只是枝微末節的能力而已。為了讓你實際體會這一點，本章將以「數學式」的方式，示範如何解讀閱讀測驗的題目。接下來請捨棄先入為主的觀念，跟著以下內容一起進入本章的重點。

數學式的文章解讀法

在解讀文章的時候，「文組」的人恐怕很少意識到自己正在運用數學式的方法進行解析。但是，只要解讀的內容是論說文而非個人的心情抒發，那麼應該自然而然就會以數學邏輯思考的方式解讀文章才對。

下一頁開始的內容是日本大考中心測驗（二〇一二年國文正式測驗）的閱讀測驗。此處最重要的一點就是排除所有個人的感情或想法。**請依據本文所提供的線索，以邏輯式的思考來解決問題。**只要能夠做到這一點，任何人都能得到相同的正解，不需要所謂的直覺或靈光一閃。「邏輯」最大的魅力，就在於不論有沒有特殊天分都能得到相同的結論。

第一題　請閱讀以下文章，並回答下列問題（問題一～五）。（配分：五十）

包含人類在內的所有生物，在其與環境之間，一律藉由維持與環境最適當的接觸來延續生命。為了繁衍後代而尋找配偶並生殖或養育後代、為了躲避寒暑或風雨而興建堅固的居所或改變居住地、躲避敵人和驅逐競爭對手，這些都是生物為了維持生命而採取的行動。不過無論如何，生物從環境中攝取營養的覓食行為，無庸置疑是在環境中維持生命的最基本活動。

生物在從事這些維持生命的行為時，無疑是以單獨的個體為單位。每個個體在各自固有的環境裡，有時與同物種的其他個體合作，有時在與同物種其他個體或他種個體的競爭關係中確保自我的生存。在這樣的情況下，[A]與某個體有關的其他個體自然也是構成該個體周遭環境的要件之一；除此之外，該個體本身的各種條件，例如空腹、疲勞的程度、性慾、運動或感覺能力等，也屬於環境要件中的「內部環境」。這樣一想，我們實在很難明確定義個體與環境的接點或邊界指的究竟是什麼。其中最具爭議的點在於：假如構成個體本身的各種條件也一律被視為環境，那麼所謂的「個體」指的究竟是什麼呢？假如此處所稱之交界的「另外一邊」是所謂的環境，那麼位於交界「這一邊」又存在著什麼呢？似乎也無法單純說是該個體或生物了。

複數的個體又如何呢？為了簡化情況，此處就以彼此之間擁有合作關係的兩個人，例如夫妻為例。即使是夫妻，兩人絕對都是生存在各自固有世界的獨立個體。我所生存的這個當下，累積了我從孩提時期以來的經驗和記憶，而我的妻子也一樣。我們不可能完全地同化，更不可能交換彼此的過去。不過任何一對夫妻一旦結婚，便開始擁有與其他夫妻完全不同、兩人之間專屬的回憶。而這樣的默契會讓兩人在面對某些事情時，即使不刻意開口與對方商量，也能在無意識間形成一種採取共同行動的習慣。就這個角度而言，將夫妻結合在一起視為單獨的「個體」也是無妨。這一點同樣也可以適用在一個家族、一群長年往來的朋友等具備共同利害關係的團體。人類以外的動物，例如魚、鳥群或社會結構井然有序的昆蟲等，更明顯存在著這種整個族群如單一個體般行動的現象。

換言之，即使是在這種「族群」的情況下，基本上還是因為每個個體都以族群的存續為目的，因此就如同單獨個體試圖維持生存的情況，這些複數個體也會確保在與環境的邊界上維持最適當的接觸。而此處同樣無法單純地把族群整體歸進此邊界的「這一邊」。第一，和個體的情況不同，族群與環境之間已經不存在物理上的交界線；再者，就「構成族群的複數個體又分別是族群整體重要的內部環境」這一點來思考，應該很清楚情況絕對無法簡單說明。構成族群的各個體之行動，絕不可能完全被族群整體的行動所同化，且每一個單獨的個體又必須應付各自的需求。每一個個體都在各自與環境之間的交界面上獨自維持著生命，同時又遵守著族群整體的行為模式。基本上不會出現任何個別行動破壞全體秩序的情形。

我們在前文中已知：生物個體或由個體的思維所組成的族群，在其與環境的交界面上進行的維持生命的活動，[B]具有令人難以想像的複雜結構。當這樣的情況套用在自我意識強烈的人類時，其複雜程度更是大幅增加。舉例而言，即使是一個在與外部環境接觸面上行為較團結的家族，與動物相較之下，其家族內部的每個人仍然會表現出格外強烈的自我意識和自我主張。由於個人的行動而破壞家族整體和諧的情況也絕不在少數。此時，這種不存在於人類以外的生物身上的「自我」，與自我以外的「其他人」之間的對決，明顯比整個家族的和諧更為重要。除了家族之外，其他由人類組成的團體在各種場合會發生的情況其實也都大同小異，此處就不再一一舉例。

關於人類的自我意識究竟是如何形成，其實各種假設都有可能成立。不過無論是哪一種假說，自我意識肯定是「進化」的產物之一。所謂進化的產物，即代表它是為了生存目的而存在。藉由自我意識的形成，人類即可在與環境接觸過程中獲得新戰略。然而有些時候，原本該對生存有利的自我意識，卻與同樣以生存為目的的集體行動互相對立。這應該是[C]人類作為生物最大的悲劇吧。我們究竟該怎麼做，才能夠取回「自我意識」這項人類尊嚴最本質的意義呢？

「我」的自我意識並非只是個體的個別意識而已。如果只是指單一個體意識到自己與其他個體之間是各自獨立的存在，那麼恐怕有許多動物都具備相同的能力。擁有明確個體識別能力的動物不在少數，而且識別其他個體和自我認知是同一種認知機制的一體兩面。與此不同的是，人類意識自己為無可取代的「我」，並對這個以第一人稱代名詞言表（注一）之存在，賦予和其他個體完全不同次元的——與其他個體間之差異，以性質完全相異的特殊差異與他者作區別——獨一無二之特權性意義。所謂的「我」並非等質空間內的任意一點，反而是如同圓心般，與外在所有的點本質上皆相異的特異點。

在這種以「我」為名的自己與他人之間，也可以認為存在有精神分析中以「自我邊界」之形式構成的邊界線。一般所謂的「自他關係」，指的應該就是在這條交界線上交會的心理上的關係。這條邊界線被假定在兩個領域之間，分別是「外部世界的其他人」，和「內部世界的自己」。[D]不過這樣的設定並不適合用來思考作為特異點的「我」。假如「我」是圓的中心的話，所有我以外的其他人都位於中心之外。就連「我」自己本身，都在意識到這一點的瞬間被推出中心之外。不過中心並沒有所謂的內部。或者若將中心本身視為「內部」的話，中心的「內」與「外」的邊界就是自己本身。「我」和他人的關係也是同樣的道理，「我」占據了一個不合理的位置，因為「我」既身為「內」，又同時身為「內」和「外」的邊界。因此所謂的「我」，其實也就等同於「自我邊界」。

65

與等質空間中的邊界線不同，生命空間中的個體與環境的邊界並沒有所謂「這一邊」的「內部」概念。換言之，生物是活在本身與所有身外之物的交界處，即所謂的邊界上的。當我們清楚地意識到並活在自己與他人的「邊界」上時，就會產生人類特有的自我意識。而這種現象不僅發生在單獨的個體身上，就連族群全體也是完全相同的情況。人類口中的「我」或「我們」，都有意識地活在與他人之間的邊界上。

70

若將生命的行為投射在物理空間上，是否皆會形成所謂的邊界呢？反之，存在於我們周遭世界的所有邊界之中，可以說無論是空間上或時間上的邊界，總是會讓人感受到生命的跡象。正因為有這樣的跡象，才得以讓邊界的概念獲得合理的解釋，並存在於無窮無盡不可思議的場所吧。邊界或許就是尚未成形的生命的——借用尼采（Friedrich Wilhelm Nietzsche）的話就是「權力意志」的——居所吧。

（摘自木村敏〈自我邊界〉）

注一　言表：透過語言完成的表現。

注二　尼采：弗里德里希・尼采。德國哲學家（一八四四～一九〇〇）。

問題一　請問劃線部分A「與某個體有關的其他個體自然也是構成該個體周遭環境的要件之一」，欲表達的是什麼意思？請從選項①到⑤中挑選出最適當的說明。

①　對特定個體而言，除了負責物種延續的子孫之外，在追求配偶時遇到的其他競爭個體也是環境的一部分。

②　對特定個體而言，除了競爭食物的對手之外，在生存上能互相協調的他種個體也屬於環境的一部分。

③　對特定個體而言，除了空腹和疲勞等生理現象之外，生態圈中各種欣欣向榮的植物也是環境的一部分。

④　對特定個體而言，除了氣候等自然現象之外，在進行覓食等行為時交會的其他個體也是環境的一部分。

⑤　對特定個體而言，除了維持自我生命必要的自然空間之外，與其他個體共同生活的空間也是環境的一部分。

感覺很像是一篇論說文對吧？或許有人會覺得內容稍有難度。不過這種艱澀的表現方式，代表筆者試圖運用邏輯來說明，因此如果能夠運用邏輯來解讀，要理解筆者的論點其實沒有那麼困難。

現在就讓我們來實際解題看看吧。

我想所有文章都有同樣的特點，就是筆者會不斷重複他想傳達的訊息。話雖如此，這並不表示相同的文章內容會重複出現，大部分的情況下，筆者會用換句話說的方式重複他的論點。所謂的換句話說，有可能純粹改用其他表現方式，也有可能提出具體的例子（引用），或是運用譬喻。總而言之，就是**轉換（第三章的面向③）**自己的論點。而現代文的題目，大多可以利用這種轉換解析法來解題。

筆者的論點＝其他表現方式＝具體實例、引用＝譬喻

在解答這個問題時，一樣先從尋找跟劃線部分A相同敘述的內容開始。首先……先確認那句話前面的「（第九行）在這樣的情況下」指的是什麼情況。「這樣的情況」即

「（第八行）有時與同物種的其他個體合作，有時在與同物種其他個體或他種個體的競爭關係中，確保自我的生存」，此處所謂的「確保自我的生存」就是把「（第七行）維持生命的行為」換成另一種說法而已。另外，「維持生命的行為」的具體實例則列舉在文中的第一段：

「（第二行）為了繁衍後代而尋找配偶並生殖或養育後代」
「（第二行）為了躲避寒暑或風雨而興建堅固的居所或改變居住地」
「（第三行）躲避敵人和驅逐競爭對手」
「（第四行）生物從環境中攝取營養」

以上的彙整，可大致釐清劃線部分A前的「在這樣的情況下」指的是什麼內容。接下來我們終於可以轉換劃線部分A的各個部分了。首先是劃線部分的主詞，

「與某個體有關的其他個體」（主詞）
＝
「（第八行）同物種其他個體或他種個體」

接下來，

「該個體環境」

＝

「（第二行）配偶」、「（第二行）寒暑或風雨」、

「（第三行）敵人」、「（第四行）攝取營養（的對象）」

整理到這個步驟以後，再重新檢視一遍答案的選項：

① 過度局限於子孫或配偶 ×

② 並不僅限於「能在生存上互相協調」的他種個體 ×

③ 以「植物」為主詞 ×

⑤ 以「空間」為主詞 ×

根據上述原因可推知，**④是正解**。怎麼樣呢？只要像這樣著眼於劃線部分前的指示代名詞和變換劃線部分的內容並加以整理，我想你在解題時，一定可以很有自信地推導出「答案就是這個！」的（不過偶爾也會有一些很讓人頭痛的陷阱題……）。

問題二 請問劃線部分Ｂ「具有令人難以想像的複雜結構」，所要表達的是什麼意思呢？請從選項①到⑤中挑選出最適當的說明。

① 即使是一個由外部環境看來屬於單一個體的族群，構成其內部環境的各個體仍會謀求獨立於族群之外，以維持其個體的存在。因此，內部環境經常充斥著緊張的關係。

② 即使是一個由外部環境看來屬於單一個體的族群，在碰到要維持生命的實際狀況時，內部個體的相互利害關係容易浮上檯面。因此，族群行為的統一性的內涵實際上經常處於變動的狀態。

③ 即使是一個由外部環境看來屬於單一個體的族群，構成其內部環境的各個體依舊各自採取自由的行動。唯各自採取之行動總是能夠協調出最適合整個族群的結果。

④ 即使是一個由外部環境看來屬於單一個體的族群，內部也有可能生成破壞整體秩序的個體。不過各族群在進行生命維持活動時，自然而然會封鎖住這樣的可能性。

⑤

即使是一個由外部環境看來屬於單一個體的族群，構成其內部環境的各個體依然會按照各自的欲求採取行動。儘管如此，族群並不會失去維持生命所須的秩序。

　為了確保邏輯性，最重要的事情就是**在檢視結論前，先清楚地掌握前提或假設。如果不能遵循順序（第三章的面向②）**的話，得出的結論便不足以採信。比如說，假設有一本雜誌刊登了吸塵器的廣告，廣告標語是「在美狂銷熱賣！」但這並不能夠保證該款吸塵器也適用於日本，因為那有可能是專門為了美國的家庭所設計的產品。由於日本和美國的住宅形式大不相同，因此也必須慎重考量其他面向。至於問題二的部分，我想只要把焦點著重在前提，答案也就呼之欲出了。

　由於劃線部分的前面提到「我們在前文中已知」，因此這表示我們可以從前面的段落找到將劃線部分換句話說的句子。前一段開頭提到「（第二十七行）在這種『族群』的情況下」。

〔前提〕

「在這種『族群』的情況下」

＝

「（第二十四行）人類以外的動物」

換言之，我們要注意的是，這一整段的主角都是在談論魚、鳥和昆蟲。此外，如果我們把焦點放在劃線部分「複雜結構」的「複雜」二字的話，可以用以下的方式變換：

「複雜結構」

＝

「（第二十九行）無法單純地把族群整體歸進此交界的『這一邊』」

＝

「（第三十行）就『構成集團的複數個體又分別是族群整體重要的內部環境』這一點來考量，應該很清楚情況絕對無法簡單說明」

而關於「複雜」的內容則彙總在該段落的最後：

〔結論〕

「（第三十三行）每一個個體都在各自與環境之間的交界面上獨自維持著生命，同時又遵守著族群整體的行為模式。基本上不會出現任何個別行動破壞全體秩序的情形。」

由於文末提到「不會出現」，因此我們可以確定這不是經過人類特有的「（第三十八行）自我意識」所調整或強制的結果，而是在人類以外的動物身上自然發生的現象。

①　本文中並未提及「各個體仍會謀求獨立於族群之外，以維持其個體的存在」、「內部環境經常充斥著緊張的關係」×

②　本文中並未提及「內部個體的相互利害關係容易浮上檯面」、「族群行為的統一性的內涵實際上經常處於變動的狀態」×

③　「各自採取之行動總是能夠協調出最適合整個族群的結果」與自然發生的語意不符×

④　「各族群在進行生命維持活動時，自然而然會封鎖住這樣的（破壞行動）可能性。」也與自然發生的語意不符×

根據上述原因可推知，**⑤是正解**。這個問題的解法比較簡單。

問題三 請問劃線部分C「人類作為生物最大的悲劇」是什麼意思呢？請從選項①到⑤中挑選出最適當的說明。

①人類因為具備自我意識，所以能夠以更適當的方式與環境接觸，但在某些情況下，個體的意識與族群的目的之間會產生矛盾，甚至有可能造成族群分崩離析或威脅到個體存續。

②人類因為具備自我意識，所以能夠形成一個以維持強固族群為共同目的，且從未見於其他生物族群的社會，但在某些情況下，人類可能會為了維護族群整體的秩序而壓抑個體的欲求。

③人類因為具備自我意識，所以更能夠達成與環境之間的調和，但在某些情況下，遇到生存競爭的場面時，人類與其他生物對決的能力可能會減弱，甚至有可能危及種族的存續。

④人類因為具備自我意識，所以懂得以戰略性的方式保護自己不受其他生物侵擾，但

在某些情況下，由於保護族群的意識過於強烈，因此會為了族群間的利害關係，而爆發其他生物族群所沒有的鬥爭。

⑤ 人類因為具備自我意識，所以能取得與環境之間更有利的接點，但在某些情況下，人類會對環境帶來重大的改變，甚至陷入自主維持族群行動遭到威脅的嚴重事態中。

數學往往給人枯燥乏味、複雜難懂的印象。或許也有人對排列在一起的文字和數字抱持著冷硬的印象。但真正的數學絕非如此。數學是一種語言，也是一門非常美麗的學問。為了能夠靈活運用這門美麗的學問，培養數學的美感（第三章的面向⑦）就成了一件意義格外重大的事。我認為邏輯本身就已經很「美」了，但數學所具備的對稱性、一致性等特質，不正是更直接的美的象徵嗎？

在邏輯性的文章當中，有不少地方呈現出這種與數學相似的美。比如說列出兩組例子作對照的論述方法，就是論說文中常見的結構，同時也呈現出結構上的對稱性。

關於問題三的部分，我們可以把焦點擺在這種對立結構（對稱性）上。劃線部分C提到「人類作為生物」，又前一題所關注的焦點是在討論「人類以外的動物」，所以接下來，我們就拿人類以外的動物和人類來互相比較一下吧。

〔人類以外的動物〕
「（第三十四行）基本上不會出現任何個別行動破壞全體秩序的情形。」

↕ 對比

〔人類〕
「（第四十九行）原本該對生存有利的自我意識，卻與同樣以生存為目的的集體行動互相對立」

劃線部分C的「人類作為生物最大的悲劇」，指的是所有生物當中，只有人類會在「自我意識」與「集體行動」之間，產生「互相對立」的矛盾。

由於「自我意識」這個詞不太容易理解，所以我們在此將它變換一下。

「自我意識」

＝

「（第四十七行）『進化』的產物之一」

＝

「（第四十七行）為了生存目的而存在」

＝

「（第四十八行）新戰略」

接下來，我們就來檢視一下答案的選項。

② 「為了維護族群整體的秩序而壓抑個體的欲求」，實際上完全相反×

③ 本文並未提到「人類與其他生物對決的能力可能會減弱」×

④ 本文並未提到「保護族群的意識過於強烈」×

⑤ 本文並未提到「環境帶來重大的改變」×

故正確答案是①。

問題四　劃線部分Ｄ「不過這樣的設定並不適合用來思考作為特異點的『我』」，請問筆者是基於什麼樣的想法才判斷不適合的呢？請從選項①到⑤中挑選出最適當的說明。

①　若將人類的認知機能視為一種識別其他個體與自我的運作機制，那麼前提就是自己與他人之間存在著一條絕對的邊界線；然而若將自己的存在視為圓的中心，那麼「我」的內部世界的意思就會改變，邊界將成為一種相對存在的概念。

②　若以精神分析理論將「我」定位為世界上獨一無二的自己，那麼只要將邊界線設定在等質空間內即可確保理論的成立，但由於自我意識的「我」位於邊界線上，所以相對於他人，必然會把自己過度特權化。

③　若透過與他者所屬的外部世界間的對立關係來定義自己，代表假說中存在著一個以邊界相隔的空間上的內部世界，但擁有絕對異質性的「我」的自我意識，是一個沒有內部空間的圓的中心，反而本身就是與他者之間的邊界。

④　在個體的外部設定邊界，確立出自己的絕對異質性的「我」的世界，是建立在被賦予特權的第一人稱代名詞的堅固基礎上，但當其他人也用同樣的語言確立內部世界時，邊界就成為一種共有的概念。

⑤　把所有的他者置於外部世界、把自己牽制在內部世界所形成的「我」，在假說上存

在著認知機能上的絕對邊界線，但由於無法合理證明該內部世界裡的自我意識本身就處於空間上的中心，因此反而只能說「我」就位於邊界線上。

從國小升上國中後，數學這門科目最大的變化就是納入負數及文字的使用。尤其在運用**抽象化（第三章的面向④）**的技巧時，把文字當作數字來使用，就會成為非常強大的武器。說句誇張一點的，「數學無時無刻都在嘗試把具體的事物抽象化」。因為抽象化成功的話，就能顯現出事物的本質。當然，抽象化也可以透過文字以外的方式加以實現。其中之一的例子就是「**圖像化（模型化）**」。

由於本題的題目本身出現了邊界線、圓等字眼，因此我想作者在書寫時，腦海中可能也在將自己想說的話化為圖像，就算不是這樣，只要試著把文章圖像化，就能在理解文章主旨時獲得莫大的幫助。

最近愈來愈常聽到人們提起「資訊圖表（infographic）」一詞。所謂的資訊圖表就是一組內含多種資訊的圖示，此處應該不用舉例也知道，利用圖或圖表將概念視覺化，有助於我們對事物的理解。

接下來，就讓我們把劃線部分D附近的內容畫成一張圖看看吧。

「（第六十三行）這條邊界線被假定在兩個領域之間，分別是『外部世界的其他人』，和『內部世界的自己』」，畫成圖的話就會像這樣：

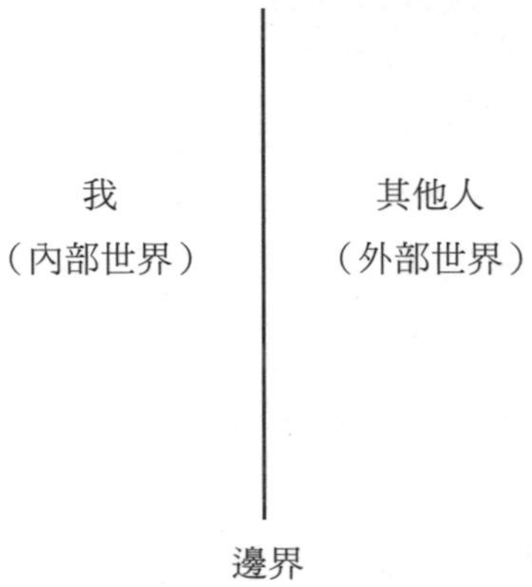

相對的，「（第六十四行）假如『我』是圓的中心的話，所有我以外的其他人都位於中心之外」，畫成圖的話就會是這種感覺：

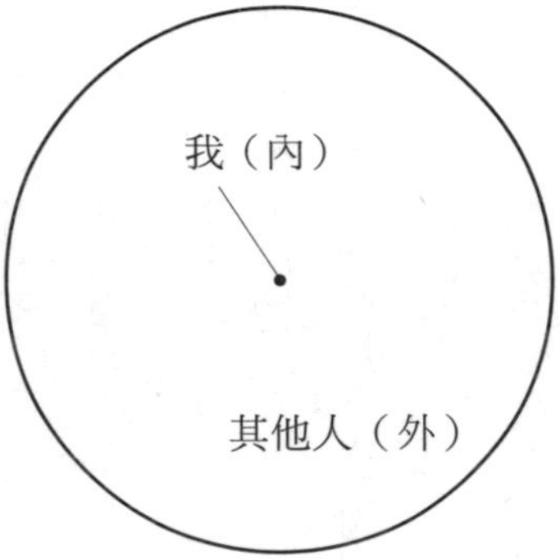

作者在此處提到「（第六十六行）中心並沒有所謂的內部」。右圖為了方便起見，把中心處塗成一個小黑點，不過所謂的「點」本來就是指「只有特定位置而沒有大小的圖形」（《大辭泉》），因此作者才會說「（第六十七行）中心的『內』與『外』的邊界就是自己本身」。接下來，如果把自己當作圓的中心的話，就會得到「（第六十九行）所謂的『我』，其實也就等同於『自我邊界』」的結論。

現在我們來看看問題的選項吧。

① 本文並未提到「『我』的內部世界的意思就會改變」×

② 本文並未提到「相對於他人，必然會把自己過度特權化」×

④ 本文並未提到「邊界就成為一種共有的概念」×

⑤ 本文完全沒討論到「無法合理證明該內部世界裡的自我意識本身就處於空間上的中心」等相關概念 ×

故正確答案為③。

問題五　請就這篇文章的論述方向，從選項①到⑤中挑選出最適當的說明。

①　首先，就單一個體與複數個體，在與環境交界面上的生命維持活動方面，闡明兩者之間的差異。接著指出問題在於族群與自己的關係性。最後做出人類的自我意識只能存在於自己和他者的邊界上之結論，並以將生命活動投影在物理空間的方式加以立證。

②　首先，以族群全體或家族全體等群體為對象，考察其在與環境交界面上的生命維持活動。接著指出個體面對群體的關係會增加其複雜度。最後提到不僅是個體與個體之間，連個體在群體之中也同樣存活在與他者的邊界上，並將此意識為所謂的自己，對此結論加以驗證。

③　首先，直接闡明所有生物都在其與環境的交界面上，藉由與環境維持最適當的接觸來維繫生命的結論。接著將開頭的結論分別套用在個體和群體的情況下加以驗證。最後，提出對生命在個體與環境之邊界上的活動觀察，並再度呼應至開頭的結論。

④　首先，分別以個體和群體為對象，考察其在與環境交界面上的生命維持活動。接著指出人類和其他生物相較之下，自我意識的存在會使群體和個體間的關係惡化。最後推導出人類會在意識到邊界的同時產生自我意識，並在邊界上進行生命行為的結論。

⑤

首先，針對在與環境交界面上的生命維持活動，提出該邊界上究竟存在著什麼的問題。接著為了將問題一般化而著眼於自我意識的存在。最後推導出「我」、「我們」人類和所有生物，都只能在這個名為邊界之處讓生命活動完整成形的結論。

我會主張國文能力是數學能力的泉源，其中之一的根據就是「抓出重點」的能力，是重要的國文能力之一。將多餘的細節去蕪存菁並掌握大方向的能力，是一種**整理訊息（第三章的面向①）**的能力，也是一種捕捉本質的**抽象化**能力。

接下來，讓我們參考截至上一題為止的內容，分別彙整一下每一段的重點吧。

第一段　所有生物都會在其與環境的交界面上進行維持生命的活動。
第二段　每個個體都會在與同物種其他個體或他種個體的競爭關係中採取追求生存的行動。
第三段　有時複數個體也會被視為「單一」個體。
第四段　人類以外的動物不會出現個別行動破壞全體秩序的現象。
第五段　人類在自我意識下採取的個別行動有可能破壞全體秩序。
第六段　作為進化產物的自我意識與維持生命的群體行動相互對立，是人類特有的悲劇。
第七段　人類的「我」是一個「特異點」，具有獨一無二的特權性意義。
第八段　「我」身為圓的中心，既是「內」也是邊界本身。
第九段　人類因為意識到邊界而產生「自我意識」。

第十段　所有邊界上都有牛命跡象和生命活動。

這一題其實不用檢視其他選項也知道，**正確答案是④**。

發現自己的數學力

怎麼樣呢？經過以上的解題過程，我想應該很多人會心想

「不用這麼刻意思考也答得出來啊。」

「真是多此一舉。」

但反過來說，這正證明了你其實早已具備「數學力」。此外，那些從沒意識到這種解題法的人可以試著回想一下，你在學生時期是不是明明很擅長國文，成績卻老是起伏不定呢？如果你從沒意識到自己的數學力，那麼即使在無意識間你其實用了邏輯性的方式思考，你也會以為自己只是照著直覺去解題罷了。

我們先來聊聊另一個話題。不曉得您有沒有聽過齋藤秀雄這號人物呢？他是著名指揮家小澤征爾的老師，也是培養出山本直純、岩城宏之、若杉弘、井上道義、秋山和慶和飯守泰次郎等傑出指揮家的名師。

這位齋藤老師所發明的**「齋藤指揮法」**，如今已以「Saito-method」之名普及至全世界的音樂學校，對於有志成為指揮家的人來說，是必學的經典教材。為什麼齋藤指揮法能夠成為全世界的標準呢？事實上，該指揮法本身幾乎沒有任何超群或獨特之處。齋藤指揮法最劃時代的創舉，就是把以往指揮家幾乎沒意識到的手臂動作，賦予「拍」、「彈」、「平均運動」等名稱，**讓指揮者意識到**這些動作。如此一來，指揮者即可意識到自己的手臂如何運動，並得以明確地想見這個動作所傳達的意思。以結果來說，樂手也可以理解指揮家的意圖，因此齋藤指揮法便以「簡單易懂的指揮法」確立了世界級的地位。

同理，如果能夠清楚意識到過去在無意識中使用的數學力，就能夠更確實、更迅速地解析出最終的答案。

下一章將進入的主題是：究竟何謂數學力。

第2章

什麼是數學力？

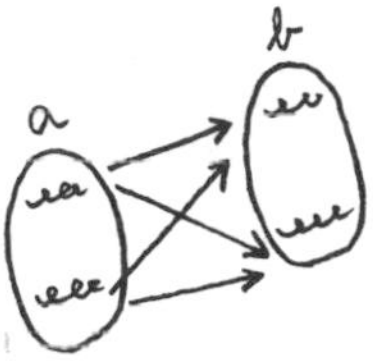

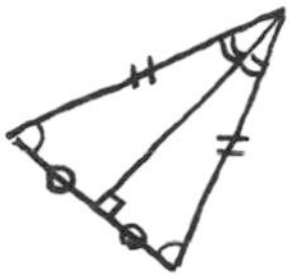

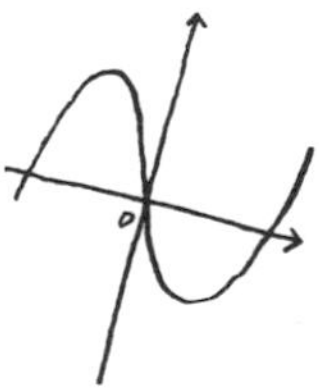

算術與數學是兩碼子事

請問聽見數學力時，你會聯想到什麼呢？我想應該有很多人會朝比較籠統的方向去聯想，比如說：

- 能夠快速且正確計算的能力
- 能夠快速解答應用題的能力
- 能夠快速解答數學謎題的能力

不過我認為這些能力跟數學力都沒有關係。

每次跟幾個朋友去吃飯，要平均分攤飯錢時，只要有人問我：

「永野，一個人多少錢？」

我都會一陣心虛。朋友會這樣問我，當然是因為他們覺得我是數學老師，所以應該很會心算，但其實我算錯的機率相當高。是的，我必須厚顏無恥地自首，我一點也不擅長心算。……更正確來說，我連算術本身都不太行。假如現在正在閱讀這本書的你是我的朋友的話，請你以後別再叫我心算了。每次算錯時，你們那冷冰冰的眼神實在很傷人（淚）。

雖然聽起來很像在找藉口，不過數學能力其實並不等於計算能力。我知道在極為優秀的數學家或科學家之中，也有不擅長計算的人。甚至在我印象中，這樣的人反而不在少數。當然我並不打算對我低落的計算能力置之不理，畢竟身為一名數學老師，理當持續鍛鍊計算能力以減少授課時計算錯誤的情形。不過我認為計算能力並不是必備的能力，尤其對大人來說更是如此。因為現在連百元商店都買得到計算機了，而且只要有智慧型手機的語音辨識功能，就算光靠一張嘴也能知道計算的結果。

那麼「快速解答應用題的能力」又如何呢？其實這也不足以構成一個人是否具備數學力的證據。因為只要多接觸各種題型，懂得將問題分門別類，然後套用既定的解法，就能夠快速解答應用題……啊，我這樣說好像有點太武斷了。對不起啊。但數學本來就不是一門講求「速度」的學問。比如說著名的費馬定理就是經過約三百五十年的漫長光陰後，才終於被證明出來。期間應該有無數的數學家終其一生都在嘗試證明此原理吧。那些無名的數學天才之所以能稱得上是數學家，並不是因為他們能夠迅速找出答案，而是因為他們擁有不屈不撓的精神，不超越前人絕不放棄。如果說費馬定理這個例子太極端的話，那麼像是一九八八年東大入學考試中出現的傳說中的難題（與正四面體的正射影有關的問題），當時各補習班以最快速度公布的「最佳解答」也都大相逕庭，類似這樣的題目也幾乎不可能「快速解答」。

另一方面，將已知的題型分門別類並加以解題，是電腦最擅長的工作之一，因此擁有這項能力的人在出了社會以後，並不會像學生時期一定那麼受到肯定。我們人類所需具備的能力，是針對那些尚未建立演算法（處理方式）的**未知問題提出解答，即使無法解答也要找出解決的方向**。這才是真正的數學力。

在現在這個資訊化社會，任何事情都講求速度。人們很容易認為能夠立刻解答問題的人就是「聰明」的人。不過事實真是如此嗎？如果把世界上存在的各種可能性都納入考量的話，應該有些問題是無法立即解答的才對。

實際站上教學第一線以後，不曉得是不是因為孩子們在答題時向來被要求速度，我發現大家愈來愈不習慣思考了。這是一件非常嚴重的事。我認為比起快速作答，深思熟慮應該值得獲得更多的鼓勵。

我有一位朋友T君，當年以「筑駒（筑波大學附屬駒場高等學校）有史以來最頂尖的天才」之稱進入東大。我和他相識於以「東大歌劇團」為名的歌劇社團，一年級的時候共同擔任公關的職務。這位T君在我和他共同執行社團業務的過程中，真的非常地「深思熟慮」。比如說，當我們要寄送明信片至各大學，通知演奏會的消息時，我只會直接提議：

「反正只要有可能會來的，我們就全部都寄不就好了嗎？」

但他卻會針對每一所學校，仔細思考每張明信片的郵資是否真的能發揮相應的效果：

「這所大學雖然有名為歌劇團的團體，但實際上卻是在玩音樂劇的……」

因此，我原本以為可以在五分鐘內解決的事情，最後卻花了將近一個小時才完成。不過最後的結果當然是取得了相當不錯的邊際效益。而且從第二次開始，因為我們已經將資料統整於當時尚未普及的試算表軟體內，所以兩人甚至不需要碰面就可以迅速完成作業。妄下定論與數學力恰好位於兩個極端。**必要時花點時間耐心思考**，是以數學邏輯思考時最重要的觀念。

接下來，我們繼續看第三點「能夠快速解答數學謎題的能力」吧。全日本最具代表性的數學教師之一的安田亨老師，在《東大數學多拿一分的方法：理組篇》一書中提到：

「頭腦能夠放入數學性事實的容量大小，是『數學好不好』的要因之一。優秀的人腦中都有抽屜，可以整齊地排列順序，即使情況稍微複雜也不至於造成混亂。數學性的一步，步伐是很大的。但不擅長數學的人，容量通常很小。因此習慣一味地把眼前的事物化為公式，無視於整體的面貌，只計算眼前的問題。」

這和我在教授數學時實際感受到的情況幾乎一模一樣。

一般來說，擅長數學的人都具有一種優秀的能力，稱作**「邏輯性的勇氣」**。即使站在看不見終點的入口，也有勇氣朝著自己認為正確的方向前進。反之，不擅長數學的人只要站在看不見終點的入口，很容易就懦弱地認為「我恐怕做不到」而選擇放棄。

舉例來說，擅長數學的人即使在操作一台無法靠直覺理解的機器時，也會靠著說明書徹底瞭解其功能；相對地，不擅長數學的人大多下意識地排斥沒有說明書就無法理解的機器，寧可選擇像是iPhone或iPad等產品。當然，擁有優秀的直覺能力是一件很棒的事。能夠迅速掌握別人需要花時間才能理解的事情，是一項不得了的才能。而且iPhone和iPad能夠廣受全世界歡迎最不可忽略的要因之一，也就是來自它在操作上的直覺性。不過這卻與數學所追求的目標完全相反。

能夠以驚人的速度解開智力測驗或數獨的人，不管任誰看了都會覺得「頭腦真好」

吧。事實上，那些人應該具備了靈活的想像力和直覺力（我就沒有這種天賦……）。而許多人似即會因此以為

「擁有直覺的人就是擅長數學的人，
沒有直覺的人就是不擅長數學的人。」

但這觀念其實大錯特錯。來自上天啟示般的突發奇想、連自己都不知道為什麼會有這種念頭的「直覺」，和數學力一點關係也沒有。如果這種東西就叫做數學力的話，那我只能說幾乎所有人都沒有必要學數學了。至少，要在大學的入學考試中合格，或是在工作或生活上需要靠數學式思考來解決問題時，並不需要什麼特別的「直覺」，所以各位可以放心了♪。我們真正需要的並不是藉由「直覺」比別人早一步找出解答的能力，而是無論碰到多麼困難的問題，**都能夠一步一步以邏輯性方式邁向正確解答的能力**。

「滴水穿石靠的不是蠻力，而是持之以恆。」

這是古羅馬哲學家盧克萊修（Titus Lucretius Carus）的名言。我認為這種連石頭都能貫穿、持續不斷的集中力，才是真正的數學力。

能夠快速計算、能夠按照題型正確解答應用題，和擅長解答數學謎題（圖形問題），都是「算術」當中相當重要的能力。沒錯，本節開頭提到的三種能力並非數學力，而是「算術力」。從小學升上國中時，雖然面對的同樣是數學算式，但科目名稱卻從「算術」改成「數學」（編按：此指日本的情形。），原因並不是為了讓你體驗到長大的滋味（笑）。算術和數學是兩種貌同實異的學問。說得極端一點，**算術是一門磨練你如何「迅速且正確解答已知問題能力」的科目，數學則是一門「培養你解答未知問題能力」的科目。**

算術力與我們的生活息息相關。舉凡買東西時可以立刻算出該找多少零錢、理解股價指數的意義，或是光靠不動產的廣告就能對房屋的大小一目瞭然等，這些絕對都是生活上不可或缺的能力。不過數學所追求的並不是要我們能夠迅速推導出這種早已經有固定解答的問題。

任何人都具備的數學力

每次用問卷統計小學生最喜歡的科目，數學和體育總是榜上有名。然而對象如果換成高中生的話，喜歡數學的人的比例絕對不高。反而永遠穩坐最討厭科目的第一名（淚）。說起來實在可惜，但各位是不是也跟我一樣，切身感受到世界上真的有很多討厭數學的人呢？

明明小學時數學這麼受歡迎，為什麼升上高中就反倒成了一個如此討人厭的科目了呢？

用典型解法破解典型問題的小學數學，就像依照攻略本的指示玩遊戲一樣。讀了電玩遊戲攻略本上寫的「往右邊走有寶物」，按照指示就能獲得寶物，當下的喜悅確實是可以理解的事。再者，遊戲玩得好並不會獲得大人的讚賞，而只要按照課堂上學到的方式在數學考試中取得高分，就能獲得父母或老師的嘉獎。所以這當然是一件很開心的事。

然而升上國中後，狀況可就不一樣了。即使像小學一樣，用同樣的原則背誦解法，一旦真正上了考場，分數也始終不見起色。因為國中數學有太多題目是無法光靠死記就能解決的，而且這種現象會隨著年級的增加愈來愈明顯。其實最後會對數學感到厭倦的人，一開始也曾經做過一番努力。練習題做了兩遍，成績還是未見起色的話，下一次就做三遍吧。做了三遍還是不行的話，下次就做四遍……可是成績遲遲無法進步，努力沒有得到回報。另一方面，不管是英文還是歷史等科目，通常只要努力就會獲得一定的成果。碰到這種情況，任誰都會心想：

「我就是沒有數學的天分吧……」

到最後會對數學感到厭倦，似乎也是無可奈何的事。

過去二十年來，我累積了許多一對一指導數學的經驗。對象大多是無法經由大班授課提高成績的學生。簡而言之，就是不擅長數學的人。就這一層意義上而言，我過去的指導經驗可說是每天在與不擅長數學的學生格鬥（？）。而這樣的我必須在此肯定地說一句：**數學力是任何人都擁有的能力。**數學不好的人，並不是因為沒有數學天分，而是因為用了學習算術的方式來學習數學。事實上，在我的補習班裡，很多一開始在班上吊車尾的學生，後來都在短時間內進步到班上的前幾名（抱歉，我無意在此幫我的補習班做宣傳）。為什麼會發生這種事呢？因為我的指導很厲害嗎？不不不，絕對沒有這種事。我所做的純粹只有讓學生停止背誦解法，嘗試理解各單元的內容、公式和解法的意思，然後練習如何用稍微有別於以往的視角俯瞰數學而已。如此一來，學生（尤其是國文能力優秀的學生）就會發現，解數學問題並不需要特別的天分，只要使用自己原本就具備的能力即可。

我會在第一章用閱讀測驗示範如何以「數學式」的方式解題，就是為了讓各位讀者注意到你本身其實早已具備了數學力。

提升數學力的祕訣就是「停止背誦」

我因為工作的關係，時常被人問到這樣的問題：

「如何才能把數學學好呢？」

這種時候我都會回答：

「不要死記任何東西。」

下一秒鐘，對話一定會進入一段很奇妙的空白（笑）。畢竟對那些不擅長數學的學生來說，幾乎所有人都認為學習數學就是死記公式和解法，所以這也是無可厚非的事。但從我過去的指導經驗中，我很確定學習數學的訣竅，絕對是擺脫死記的學習模式。愈是嘗試背誦公式或解法，愈是無法學好數學。然後就會覺得數學很無聊，最後開始討厭數學。

為什麼會這樣呢？

正如前文所述，我們學習數學的目的在於培養邏輯力。數學當中出現的函數、方程式、向量和數列等，都只是用來培養邏輯力的工具而已。而邏輯力的鍛鍊只能靠我們用自己的頭腦思考。對於似懂非懂的學問，如果從頭到尾只打算死記的話，等於是在拒絕思考。我想不用說也知道，這絕對是養成邏輯力的一大阻礙。

學好數學唯一該具備的態度就是思考**「為什麼？」**，這是學習數學的起點。

舉個例子好了。吉卜力工作室的電影《兒時的點點滴滴》當中，有一個很有名的片段，是小學五年級的主角妙子，在向高中生的姊姊請教分數的除法。

妙子：「什麼叫做「用分數除分數」啊？」

姊姊：「什麼？」

妙子：「三分之二個蘋果除以四分之一，意思是不是就是把三分之二個蘋果分給四個人，每個人平均拿到的蘋果呢？」

姊姊：「嗯？嗯……」

妙子：「所以（一邊畫蘋果一邊想）一、二、三、四、五、六，每個人有六分之一個。」

姊姊：「不對不對！妳那是乘法！」

妙子：「為什麼？如果是乘法的話，為什麼數字會變少？」

姊姊：「把三分之二個蘋果除以四分之一的意思是……（詞窮）總之！妳一直在講蘋果，害我搞不清楚了啦！乘法就直接乘！除法就是把後面分數分子分母顛倒過來的乘法，這樣記就可以了！」

（電影《兒時的點點滴滴》原作：岡本螢、刀根夕子；腳本、導演：高畑勳）

這段場景簡直是負面數學教育的縮影，雖然只有短短幾句對話，卻讓我印象深刻。看過這部電影的人，想到自己也跟妙子的姊姊一樣，無法清楚說明分數的除法，恐怕也會面露苦笑吧。不過在國小數學中，並不需要解釋為什麼「分數的除法要顛倒分子分母」。正如前文所述，國小數學的學習目標是為了在日常生活中迅速計算出正確的答案，因此只要記住算法，然後按照規則計算即可。

但是，如果要以數學式思考的角度檢視分數的計算，就有必要清楚說明**「為什麼按照那種方式計算，即可得到答案？」**因為比起答案本身，學數學時更重要的是解答的過程。就這層意義而言，妙子可說是充分具備學習數學的素養。

機會難得，我想在此說明「分數的除法要顛倒分子分母」的理由。不過對這部分沒興趣的朋友，接下來這幾頁內容可以直接跳過沒關係。

1

為什麼分數的除法要顛倒過來呢？

◉ 分數究竟是什麼？

説起來，分數究竟代表什麼意思呢？看到這裡，你可能會心想「不會吧～要從頭開始解釋嗎？」但是，當我們在數學上遇到不懂的概念時，「追本溯源」是非常重要的一件事。所以接下來，請耐心地跟我一起探究其中的學問吧 (^_-)- ☆。

假設現在我們要計算

$$1 \div 4$$

這個算式的意思就是「把一個東西分成四等份以後的其中一份」沒錯吧？不過，由於我們無法用整數表示計算的結果，所以就把計算的結果寫成 $\frac{1}{4}$ 。

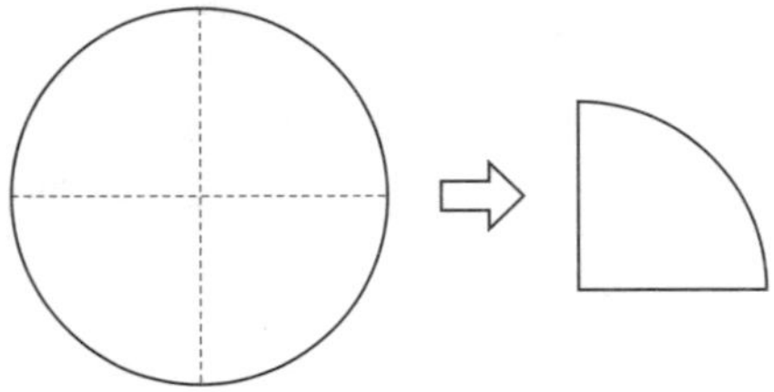

$1 \div 4 \quad = \quad \frac{1}{4}$

（把一個東西分成四等份）

如果把過程公式化的話，就會是這樣：

把 1 個東西分成 n 等份以後的其中一份就是 $\frac{1}{n}$

⬅ 接下來請看②

2

這就是分數「原本」的意義。用數學式表示的話，就是：

$$1 \div n = \frac{1}{n}$$

沒錯吧？

◉ 分數的乘法

接下來，我們同樣來確認一下分數的乘法。假如題目是

$$\frac{1}{2} \times \frac{3}{4}$$

請問其中的意義又該如何解讀呢？

為了利用視覺幫助理解，我們來想想看長方形的面積吧。如果把 $\frac{1}{2} \times \frac{3}{4}$ 想成是一個長 $\frac{1}{2}$ 公尺、寬 $\frac{3}{4}$ 公尺的長方形，並用面積來表示的話，就會得到下圖的長方形。

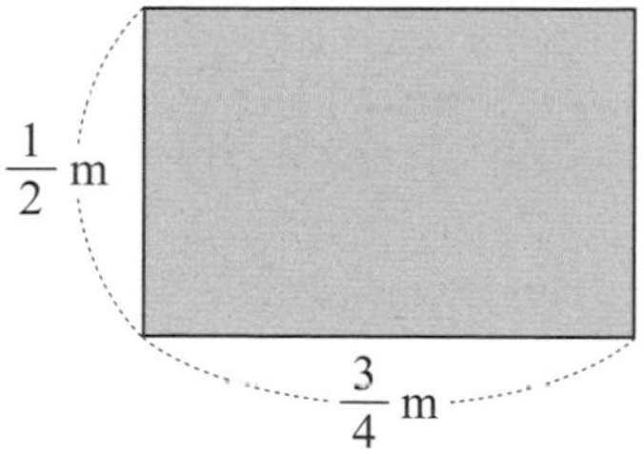

← 接下來請看③

3

試著把這個長方形放進 1 公尺 ×1 公尺的正方形裡看看。

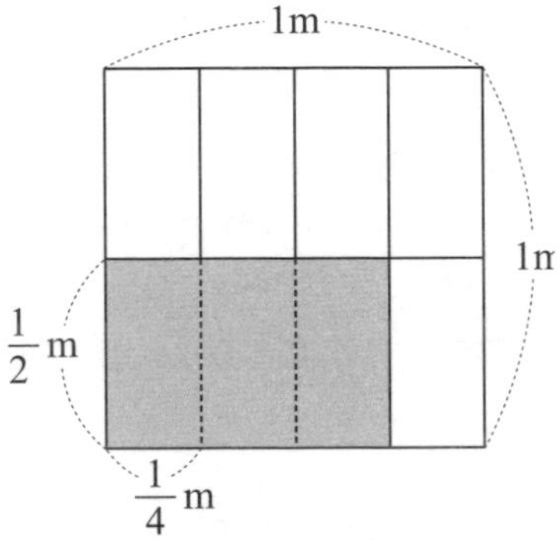

結果我們可以看到，灰色的長方形相當於正方形縱切四等分、橫切二等分後的其中三塊。由於縱切四等分、橫切二等分以後，整個正方形會變成八等分，因此灰色長方形的面積就等於三個 $\frac{1}{8}$ 。也就是：

$$\frac{1}{8}+\frac{1}{8}+\frac{1}{8}=\frac{3}{8}\ [m^2]$$

換句話說……

$$\frac{1}{2}\times\frac{3}{4}=\frac{3}{8}$$

沒錯吧？這也就表示這個題目可以這樣計算：

$$\frac{1}{2}\times\frac{3}{4}=\frac{1\times3}{2\times4}=\frac{3}{8}$$

所以結論就是，分數的乘法只要用分母乘分母、分子乘分子，即可得出答案。

⬅ **接下來請看④**

4

這同樣也可以用一般化的數學式表示：

$$\frac{a}{b}\times\frac{p}{q}=\frac{a\times p}{b\times q}$$

◉ 用分數除分數是什麼意思？

在我們開始計算分數 ÷ 分數之前，先來思考以下這個算式的意思：

$$1\div\frac{1}{3}$$

如果把它想成「把 1 分成 $\frac{1}{3}$ 等分」的話，頭腦應該會覺得很混亂吧。這裡我們可以採用除法的另一種含義，就是「把 1 以 $\frac{1}{3}$為單位來分，總共會得到幾個 $\frac{1}{3}$？（1 是由幾個 $\frac{1}{3}$ 所組成？）」畫成圖的話就會是：

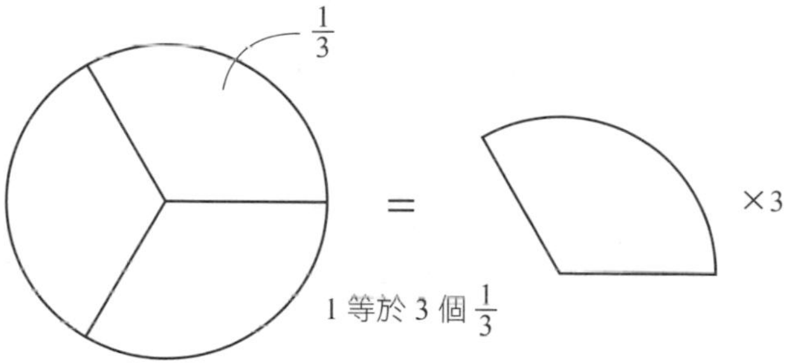

1 等於 3 個 $\frac{1}{3}$

所以答案就是 3 對吧？亦即：

$$1\div\frac{1}{3}=3$$

用一般化的數學式表示的話就是：

$$1\div\frac{1}{n}=n$$

⬅ 接下來請看⑤

5

以上是理解分數 ÷ 分數前，必備的分數「基礎」。

分數的基礎

（ⅰ）$1\div n=\frac{1}{n}$

（ⅱ）$\frac{a}{b}\times\frac{p}{q}=\frac{a\times p}{b\times q}$

（ⅲ）$1\div\frac{1}{n}=n$

好了，我們現在終於可以開始解答妙子的疑問了。她的問題是：

$$\frac{2}{3}\div\frac{1}{4}$$

沒錯吧？首先，我們用基礎（ⅱ）來分解算式。然後再套用基礎（ⅲ）的概念。

$$\begin{aligned}\frac{2}{3}\div\frac{1}{4}&=\frac{\mathbf{2\times1}}{\mathbf{3\times1}}\div\frac{1}{4}\\&=\frac{\mathbf{2}}{\mathbf{3}}\times\frac{\mathbf{1}}{\mathbf{1}}\div\frac{\mathbf{1}}{\mathbf{4}}\\&=\frac{2}{3}\times\mathbf{1\div\frac{1}{4}}\\&=\frac{2}{3}\times\mathbf{4}\\&=\frac{2}{3}\times\frac{4}{1}\end{aligned}$$

基礎（ⅱ）

基礎（ⅲ）

看到了嗎？從第一個和最後一個算式可知，只要把除數上下顛倒，然後與被除數相乘，即可得出答案。

6

另外，即使分子不是 1，我們也可以用下面這種思考方式推知，分數相除時只要把除數顛倒過來與被除數相乘即可。

例）

$$\frac{3}{5}\div\frac{2}{7}=\frac{3}{5}\div\left(\frac{1}{7}\times\frac{2}{1}\right)$$

（注）

$$=\frac{3}{5}\times\mathbf{1\div\frac{1}{7}}\div\frac{2}{1}$$

基礎（ⅲ）

$$=\frac{3}{5}\times\mathbf{7}\div 2$$

$$=\frac{3}{5}\times 7\times\mathbf{1\div 2}$$

基礎（ⅰ）

$$=\frac{3}{5}\times 7\times\mathbf{\frac{1}{2}}$$

$$=\frac{3}{5}\times\frac{7}{2}$$

注：（ ）前為 ÷ 時要特別注意。

$$24\div(2\times3)=24\div2\div3$$

小心不要誤把「24÷(2×3)=24÷2×3」。此外，我在此處適度省略了用基礎（ⅱ）分解或重新寫成分數的步驟。

如何呢？像這樣回到分數的「起源」，一步一步仔細推敲，就能清楚說明為什麼「分數的除法要顛倒分子分母」了。光是把「分數的除法要上下顛倒」當作一項知識，頂多只稱得上是算術的技巧而已，不過一旦將焦點放在「為什麼這樣可以得到答案」的話，**即使是分數的除法也能夠成為鍛鍊邏輯力的材料**。換言之，這是非常標準的數學。容我再囉唆一次，為了達成數學最初的目的「鍛鍊邏輯力」，最重要的一點就是不要死記任何東西。

……好了，看到這裡，你或許會心想：

「現在說這些都已經為時已晚了。」

或者應該也有人絕望地認為：

「從現在開始重新學數學恐怕有一段很長的路要走吧。」

不過別擔心，本書並不會要求你重新學習數學。我希望盡量透過文字而非算式，讓你瞭解在國中、高中階段的數學中，究竟真正學到了什麼東西，如果用前文介紹的愛因斯坦的話來說，就是你在忘記所有數學的內容之後，留下來的數學式思考究竟是一種什麼樣的能力。

「如果是這樣的話，一開始就別學什麼數學不就好了嗎？」

我總覺得有人會講這樣的話。確實是這樣沒錯。可是為了讓人生經驗不足、尚未有足夠語彙能力的學生培養邏輯力，學好數學絕對是最快速而有效的方法。

我假設本書的讀者都已經是在社會上打滾，能夠獨當一面的大人了。因為是以人生經驗豐富、語彙能力充足、善於以抽象概念思考事情的大人為對象，所以我才敢假設這樣大膽的嘗試有成功的可能性。

請善用大人特有的優勢，有效地將數學力化為你的助力吧♪。

讓靈光一閃成為必然的現象

剛才我在前文中提到，「靈光一閃」跟數學力毫無關聯。不過前述的「靈光一閃」指的是搞不清楚從何而來、真正意義上的靈光一閃。但是，一旦我們開始注意並清楚意識到沉睡在體內的數學力，過去那些只有在「狀況好的時候」才想得到的好主意或事情的解決方法，就算狀況再怎麼不好，也會自然而然迸發出來。換言之，那些在無意識時**讓人感覺只是靈光一閃的念頭，將會成為一種必然的現象**。反過來說，其實一般人所謂的「靈光一閃」，對有意識地使用數學力的人來說，幾乎都是理所當然的聯想。每當福爾摩斯推理出意料之外的犯人時，周圍的人都會大吃一驚。對旁人來說，能夠擁有自己所沒有的直覺，肯定會忍不住肅然起敬，認為「福爾摩斯真是天才」吧。但福爾摩斯都是根據一項一項的證據，進行邏輯性的思考後，才一步一腳印地追查出真正的犯人。「數學力」所賦予人們的邏輯力，就是擁有這麼強大的功用。

好了，那麼從下一章開始，我將從七個面向剖析數學力的本質。請放鬆你的肩膀，保持愉快的心情跟我一起進入下個單元吧！

第3章

數理性思維的七個面向

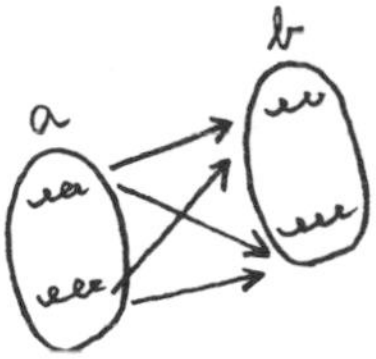

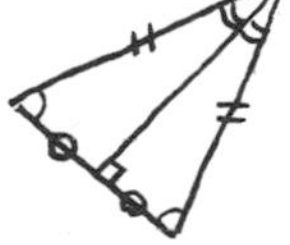

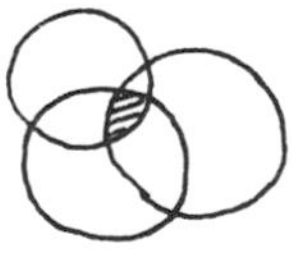

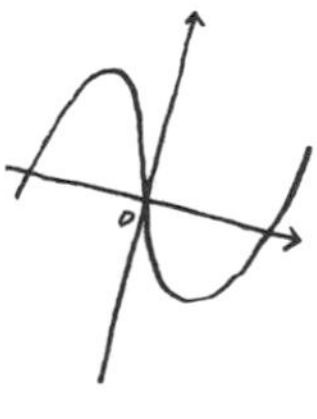

瞭解七個面向，激發內在數學潛能

從這一章開始，我們將具體地來瞭解何謂「數學式思考」。

正如前文所述，這其中並沒有什麼別出心裁的思考方式。我想即使是你，幾乎也在無意識之中使用過這些思考方式。但是藉由瞭解並意識到數學式思考的意義，**相信你未來在碰到任何問題時，都能夠比以往更容易也更確實地理出解決問題的頭緒。**

接下來，請從以下介紹的七個面向，挖掘出潛藏在你體內的「數學式思考力」吧！

面向 1

整理

・整理的目的在於獲得新資訊

這裡所謂的整理，並不是單純把東西排列整齊，就稱得上是「數學式」的整理。

「為什麼把東西收拾整齊就算『數學式』呢？」

會這麼想也是理所當然的。不過我也認為，如果僅只是把東西排列整齊的話，並沒有必要非冠上「數學式」的名義不可。說起來，在整理房間這個部分，任何一個整理達人的專業絕對都比我的意見來得可靠多了。我所強調的「數學式的整理」，並非一般人觀念中的整理，而是一種「把隱藏的資訊推理出來」的行為，也就是透過明確的規則加以分類、運用乘法原則加以整理，或是準備檢查表等行為。藉由數學式的整理，我們可以把資訊歸納得井然有序，但這並非整理的目的。**獲得「新資訊」**，才是所謂數學式整理的最大目的。

透過分類推理出隱藏性質

舉例來說，假設你是一名葡萄酒收藏家，家裡有超過三百支你中意的葡萄酒。請問，以下A到C三種整理方法，哪一個最符合「數學式的整理」呢？在思考這個問題時，請從可以增加葡萄酒資訊，亦即葡萄酒的味道的角度來思考。

A　按照釀酒年份（生產年份）排列
B　按照產地別排列
C　按照葡萄品種別排列

向人們展示自己收藏的葡萄酒時，A大概是最體面的排列方式了吧。一來，當人們看到排列在最前面的葡萄酒時，會很熱絡地讚嘆道：

「哇，這些酒好有歷史啊。」

二來，你也可以告訴客人：

「這裡也有你出生那一年產的葡萄酒喔。」

這樣他們聽了可能會很感動。不過按照生產年份排列葡萄酒，究竟可以得到什麼新資訊呢？頂多就是：

「一九九〇年的酒好多喔。啊，不過一九九一年的酒已經沒了。」

像這樣掌握葡萄酒庫存的狀況而已。

相對地，B的整理方式可說是非常地「數學式」。因為這樣的整理方式，**可以讓你在開瓶前就預先推測到有關味道的資訊**。

在此厚顏無恥地分享一件私事。我是一名經過日本侍酒師協會認證的葡萄酒專家。每次和知道我擁有這個證照的朋友去用餐時，選擇葡萄酒的任務自然而然會落在我頭上。通常我都會先確認眾人的預算和餐點的內容，然後再從葡萄酒單中挑選葡萄酒，但儘管我擁有專業證照，實際經驗並不豐富，因此酒單上的葡萄酒，我喝過的只有極其少數而已。因此我總是挑選得有點隨便。但是每次用完餐後，大家都會對我挑選的葡萄酒讚譽有加：

「哎呀，每次跟永野來吃飯，都能喝到好喝的葡萄酒！」

這是為什麼呢？因為我對各主要產地生產的葡萄品種，和當地的氣候條件，已經有一定程度的瞭解。光靠這一點，我就能夠像這樣做出選擇：

「大家點了蒲燒鰻魚嗎？這樣的話，還是選清爽一點的紅酒好了。勃艮第看起來不錯，不過價格有點超出預算了。啊，盧瓦爾地區的黑比諾應該可以噢。就選這個吧。」

順帶一提，黑比諾是釀造勃艮第紅酒的知名品種，我一開始去葡萄酒學校時，還不認識這種品種的葡萄，結果還把老師寫在白板上的文字念成了「非比諾」，現在想起來實在很丟臉……（啊，好像離題了。）

當然，嚴格說來，決定葡萄酒味道的因素不只有產地、品種和氣候條件，連釀造方法、木桶種類、運送方式等都有影響。說得更深入一點，即使是同年同款的葡萄酒，一般來說只要瓶子不同，味道就會有些許差異。不過如果沒有特殊堅持的話，像我這種選擇方式其實不會造成太大的問題。

我想在此強調的當然不是我挑選葡萄酒的眼光有多好（笑），而是我只要從葡萄酒單上的產地分類，就能大致預期到那些沒喝過的葡萄酒究竟是什麼味道。也就是藉由產地別的分類，**成功推理出隱藏在其中的性質**。

各位已經看出來了吧。如欲取得與葡萄酒味道有關的資訊，比起按照年代順序排列的A，按照產地別排列的B絕對是更有效的整理方式。而且就取得有用資訊這一點來看，B比A更符合「數學式」的整理。

那麼，C的「按照葡萄品種別排列」又如何呢？

確實，葡萄的品種會直接影響到葡萄酒的味道，而且知道品種的話，大概也可以推測到葡萄酒的味道，但就數學式分類的角度而言，我並不建議以葡萄的品種作為分類的標準。因為「數學式分類」除了著重在增加資訊外，還有一件不得不注意的重點，就是「不遺漏、不重複」。如欲從分類取得味道的資訊，以葡萄的品種為標準並非不好，只是像波爾多等類型的葡萄酒，釀造時同時混合了不同品種的葡萄。由於一種葡萄酒裡含有複數的品種，因此如果按照品種分類的話，同一瓶酒有可能被分類在不同的類別下。況且，在琳琅滿目的葡萄酒中，有時候也會出現非常稀有的葡萄品種。包括這類型的品種在內，要認識世界上所有的葡萄品種，幾乎是天方夜譚。換言之，假如按照葡萄的品種分類，有可能會出現被分類至多個項目下的葡萄酒，或是完全無法分類的葡萄酒。

最近的商業書籍，經常呼籲讀者**「分類時的標準要符合MECE」**。MECE是Mutually Exclusive and Collectively Exhaustive的縮寫，直譯成中文就是**「相互獨立且完全窮盡」**，因此所謂的MECE分類就是**不重複且無遺漏的分類**。這也是以數學式思考分析事物時的基本。

此處雖以葡萄酒為例，但無論在生活的哪個層面，整理其實都是不可或缺的一環。你應該也是每天都在進行各式各樣的整理吧。過去你可能只是在無意間試著把事物排列整齊，但從今天開始，請你在整理時順便想一想：

「該怎麼做才能增加資訊呢？」

在著手進行整理前先思考這個問題，就是標準的**數學式思考**。

為什麼血型占卜這麼受歡迎？

在聯誼等大家都是初次見面的場合，當不知道該聊什麼話題時，總是會從血型或星座等話題切入。為什麼會這樣呢？我想原因當然不外乎是這些話題最安全也最能夠炒熱氣氛，但這其實並不是唯一的理由。還有一個理由就是人們想透過血型或星座，將眼前的人進行分類。例如：

A型：不苟言笑、處世周到、神經質
B型：自我中心、樂天、遲鈍
O型：重義氣、羅曼蒂克、不拘小節
AB型：冷酷、理智、優柔寡斷

然後藉此推測對方的性格。其實這種血型性格診斷毫無科學根據，也有一種說法是因為周圍的人不斷洗腦，才後天養成類似的性格，不過我們在這裡就先不探究這件事了。總之，聯誼等場合會頻繁出現血型的話題，最主要的原因就是人們受到心理的驅使，試圖藉由分類來瞭解初次見面的人隱藏在表面下的真實性格。

要學習「圖形的特性」的理由

我在前文寫到「數學式分類，是能推理出隱藏性質的分類」，但或許有人會想問：

「我以前學數學時，有學過這種分類法嗎？」

當然有學過啦（笑）。請回想一下國中數學教的**「圖形的特性」**。還記得以前學過等腰三角形或平行四邊形的特性，以及分類出這些圖形的條件吧？只是長大成人以後，我們沒什麼機會需要判斷一個圖形究竟是不是平行四邊形。尤其踏出社會以後，除瞭解題之外，幾乎不太會用到關於圖形的知識或常識吧？那我們究竟為什麼非得學習圖形不可呢？那是因為圖形的分類，正是一種能推理出隱藏性質的分類。

舉例而言，當我們知道一個三角形的兩個角相等時，這個三角形就會被分類為等腰三角形。同時我們也可以推知，這個三角形有兩邊等長的特性；除此之外，頂角的角平分線也是底邊的垂直平分線。

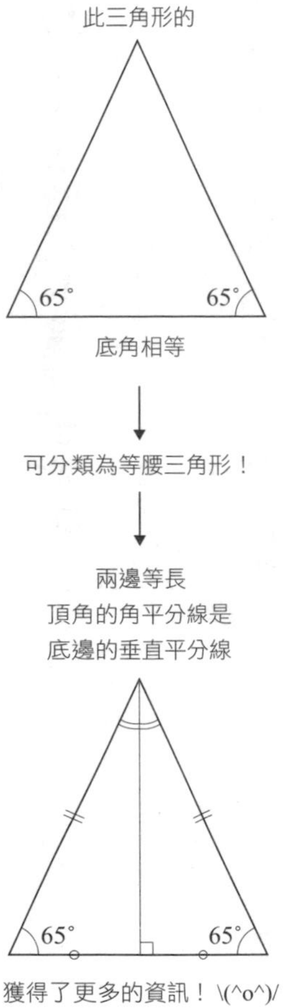

這就跟用葡萄產地區分葡萄酒、用血型區分不太熟悉的對象一樣，都是透過分類的方式推理出隱藏的性質。**重點在於思考該以什麼作為分類的基準，才能夠幫助我們推理出隱藏的性質。**

在科學史上留下重要足跡的「數學式」分類

還記得化學課本內頁的「元素週期表」嗎？元素週期表的分類是科學史上最偉大的成就之一。它長得就像下圖這個樣子。

若各位是身為「文組」的，可能會想起一些不愉快的回憶，不過我們這裡並不是要測驗各位，所以還請放鬆心情繼續閱讀下去。

元素週期表

- 典型非金屬元素
- 典型金屬元素
- 過渡金屬元素

1	2	3	4	5	6	7	8	9	10	11	12	13	14	15	16	17	18
H																	He
Li	Be											B	C	N	O	F	Ne
Na	Mg											Al	Si	P	S	Cl	Ar
K	Ca	Sc	Ti	V	Cr	Mn	Fe	Co	Ni	Cu	Zn	Ga	Ge	As	Se	Br	Kr
Rb	Sr	T	Zr	Nb	Mo	Tc	Ru	Rh	Pd	Ag	Cd	In	Sn	Sb	Te	I	Xe
Cs	Ba	鑭系元素	Hf	Ta	W	Re	Os	Ir	Pt	Au	Hg	Tl	Pb	Bi	Po	At	Rn
Fr	Ra	錒系元素	Rf	Db	Sg	Bh	Hs	Mt									

鑭系元素	La	Ce	Pr	Nd	Pm	Sm	Eu	Gd	Tb	Dy	Ho	Er	Tm	Yb	Lu
錒系元素	Ac	Th	Pa	U	Np	Pu	Am	Cm	Bk	Cf	Es	Fm	Md	No	Lr

所謂的「元素」，指的是氧或氫等構成物質的基本成分。

人類自古以來一直在尋找形成萬物根源的終極要素。例如古希臘把「火、土、水、空氣」視為構成萬物的要素，並將這些要素稱為「四大元素」；中國則把「木、火、土、金、水」五種基本物質視為「元素」，並據此建構起陰陽五行思想。

中世紀一度以歐洲為中心，掀起一股鍊金術熱潮，元素發現史暫時走偏了方向（儘管實驗技術等確實有所成長），直到十七世紀，愛爾蘭的羅伯特・波以耳（Robert Boyle）把元素定義為「無法再分解為更簡單的物質的粒子」以後，才開啟了十八到十九世紀的新元素發現潮。據說當時的科學家前仆後繼地加入這場發現未知元素的競爭行列。

然而，隨著愈來愈多元素被發現，狀況也益發混沌不明。一來人們搞不清楚究竟共有多少元素，二來也不曉得是否還有尚未被發現的元素。面對這樣的情況，當時的一位科學家決定**把元素進行分類**。他就是俄羅斯的德米特里・門德列夫（Dmitri Mendeleev）。門德列夫在一八六九年的時候，將當時已被發現的六十三個元素，按照原子量（原子的相對質量）的順序進行排列。

結果他發現，週期表上每隔一段固定的間隔，就會出現性質類似的元素，例如氟和氯、鈉和鉀等等。這是一項劃時代的驚人發現。因為當這些雜亂無章的元素被分類為幾組類型，並像這樣加以整理後，尚未找到對應元素的部分（右表中標示？的部分）也清楚地浮現了出來。

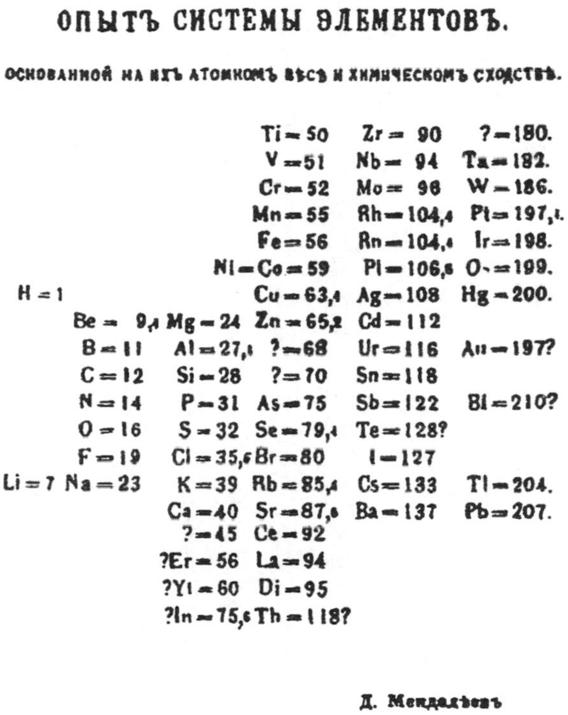

ОПЫТЪ СИСТЕМЫ ЭЛЕМЕНТОВЪ.

ОСНОВАННОЙ НА ИХЪ АТОМНОМЪ ВѢСѢ И ХИМИЧЕСКОМЪ СХОДСТВѢ.

			Ti=50	Zr=90	?=180.
			V=51	Nb=94	Ta=182.
			Cr=52	Mo=96	W=186.
			Mn=55	Rh=104,4	Pt=197,4.
			Fe=56	Rn=104,4	Ir=198.
			Ni=Co=59	Pl=106,6	Os=199.
H=1			Cu=63,4	Ag=108	Hg=200.
	Be=9,4	Mg=24	Zn=65,2	Cd=112	
	B=11	Al=27,4	?=68	Ur=116	Au=197?
	C=12	Si=28	?=70	Sn=118	
	N=14	P=31	As=75	Sb=122	Bi=210?
	O=16	S=32	Se=79,4	Te=128?	
	F=19	Cl=35,5	Br=80	I=127	
Li=7	Na=23	K=39	Rb=85,4	Cs=133	Tl=204.
		Ca=40	Sr=87,6	Ba=137	Pb=207.
		?=45	Ce=92		
		?Er=56	La=94		
		?Yt=60	Di=95		
		?In=75,6	Th=118?		

Д. Менделѣевъ

門德列夫最初完成的週期表

而且故事到這裡還沒結束。門德列夫雖然藉由按照原子量排序元素的整理方式，發現了元素的週期性，卻不曉得其中的原因。解開這個謎題的人，是出生於一八八七年的年輕英國科學家**亨利・莫塞萊**（Henry Moseley）。他在研究X射線和原子序（按照原子量排列的序號）關係的過程中，得出「原子序就是原子核正電荷數量（質子數）」之結論。莫塞萊不僅藉此說明了元素的週期性，更準確預言中了尚未被發現的元素。

接下來是一段小小的題外話。這位年輕的天才後來在二十七歲那年，不幸戰死於第一次世界大戰中。雖然莫塞萊的研究絕對有資格讓他獲得諾貝爾獎的殊榮，但由於自然科學領域的諾貝爾獎規定「獲獎者必須以在世的人為限」，因此命喪沙場的莫塞萊就這樣與諾貝爾獎擦身而過，他的名字從此被埋沒在歷史的洪流中。後來以元素的研究享譽國際的法國科學家喬治・于爾班（Georges Urbain）也曾用以下這段話褒讚莫塞萊：

「莫塞萊定律是史上難得一見的重要發現。因為他把門德列夫稍嫌空想的元素分類，用科學方式置換成正確的結果。」

總而言之，其中非常顯而易見的事實就是，將元素按相對質量排序的整理方式，不僅幫助我們發現了元素的週期性和未知的元素，還讓我們進一步發現了原子序和原子核電荷之間的關係。「藉由整理和分類推理出隱藏的性質」，就這一點來說，我認為元素週期表成功詮釋了整理所帶來的重大成果。

乘法式整理

截至目前為止，我們已經接觸過各式各樣整理東西的「分類」法，但數學教會我們的整理，絕對不是只有分類而已。**單就把散亂的東西排列整齊的「整理」**，數學也教會了我們許多東西。不過接下來的重點還是在於如何透過整理增加手邊的資訊。

祕訣就藏在「和」與「積」的資訊量差異中。

①

何謂「和與積的資訊量差異」？

假設現在有 A 和 B 兩個整數。我們來比較一下以下兩個式子吧。

$$A + B = 7 \cdots\cdots ①$$
$$A \times B = 7 \cdots\cdots ②$$

首先，從上面的式子中，我們可以觀察出什麼呢？式子 ① 的 A 和 B 加總起來是 7，由此可知 A 和 B 的組合有無數組答案，可能是 1 和 6、2 和 5、3 和 4 或 10 和 -3……等。

相對於此，式子②又如何呢？由於 A 和 B 相乘等於 7，因此可能的組合只有 4 種，即：

1 和 7、-1 和 -7、7 和 1、-7 和 -1

和的組合明顯多於積的組合，但我們能因此斷定前者所提供的資訊較多嗎？答案是否定的。因為我所謂的「資訊」，指的是那些得到以後對我們有用的資訊。那種只會造成混淆的無用資訊反而愈少愈好（先前的葡萄酒例子也是，對我們有用的資訊指的是跟「味道」有關的資訊）。由於此處的目的是求得（決定）A 和 B 的值，因此答案的組合愈少，對我們愈有利。換言之，我們可以說**積提供的資訊量比和還多。**

⬅ 接下來請看②

2

因此，研究數學的人在看到數學式時，總是有一種先想辦法把和變成積的習慣。

其實各位在國、高中時期練習到快受不了的因式分解，就是一種典型的由和變積的方式。

舉例來說，當我們碰到「$x^2+5x+6=0$」這個一元二次方程式時，會把它因式分解成：

$$x^2+5x+6=(x+2)(x+3)$$

沒錯吧？（啊，這裡的因式分解只會用到這個程度而已，所以即使不會上面的式子變換也沒關係。）接下來：

$$x^2+5x+6=0$$
$$\Leftrightarrow (x+2)(x+3)=0$$

當兩數相乘等於零時，其中一數必定為零，所以：

$$(x+2)(x+3)=0$$
$$\Leftrightarrow x+2=0 \text{ 或 } x+3=0$$
$$\Leftrightarrow x=-2 \text{ 或 } x=-3$$

如此一來，答案就出來了！

學生時期的數學課會一而再、再而三地出現因式分解，目的並不是為了折磨各位，而是因為因式分解可以**透過式子的變換提供更多有用的資訊。**

怎麼樣呢？經過以上的說明，你應該明白為什麼**乘法（積）所提供的資訊量比加法（和）還多**了吧？

話說回來，當你看到4×3這個算式時，會聯想到什麼呢？

是不是有很多人會聯想到這種排列成3行4列，相當方便計算的方格呢？或者應該也有很多人聯想到的是本質上跟這個（從計算一平方公分正方形數量的觀點來看）大同小異，看起來類似左邊這種長方形的面積吧？

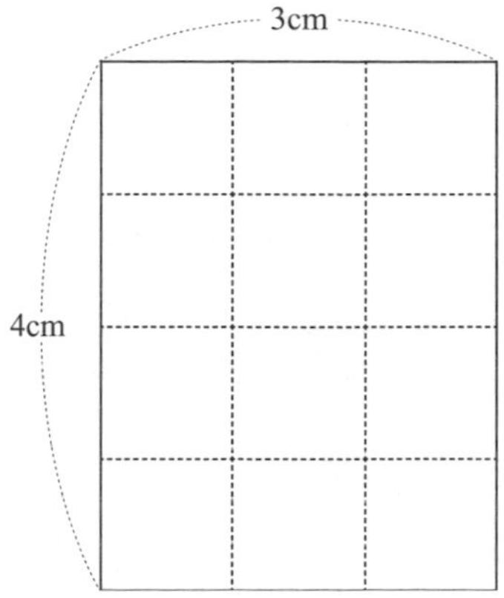

無論如何，在進行乘法運算的時候，使用的數字似乎都具有不同的特性，例如行和列、縱和橫，或是速度和時間等。這是我們在理解數學當中的「次方」或「次元」時應有的正確印象。沒錯，一般而言，**乘法運算就是一種使用不同性質的東西所進行的計算**。計算的結果將會讓我們**得到全新性質的東西**，有可能是面積，也有可能移動的距離。與此同時，加法原則上就是相同性質的計算，例如個數與個數、長度與長度等，因此最後也只會得到相同性質的答案。我們通常不太可能從加法的結果看見另一個全新的世界。

次元增加，世界就會變寬廣

舉例而言，假設這裡隨意放置了兩根棒子，長度分別是3公分和4公分。如果只是單純的「整理」的話，當然可以選擇把兩根棒子排列成一直線。但是這樣只會得到一根七公分的棒子而已，對吧？這是當然的。

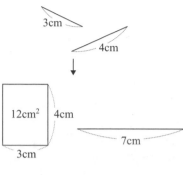

但如果我們把其中一根橫放，另一根直放的話，這樣的「整理」又會得到什麼結果呢？如此一來，我們可以看到一個面積為十二平方公分的長方形，也就是透過兩個「長度」，看到了全新的「面積」的世界。這就是**乘法式整理**的優點。

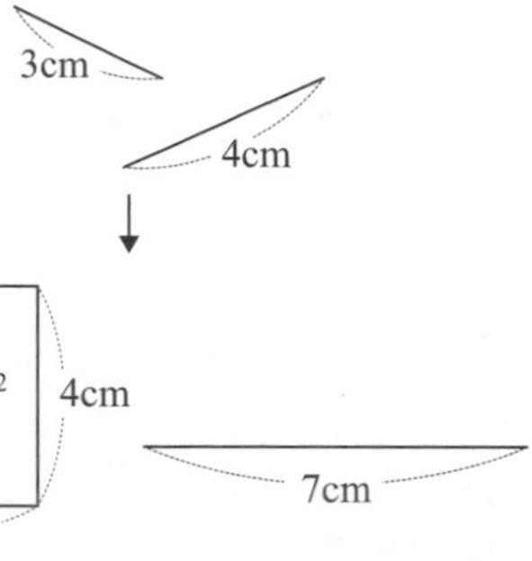

換一種方式解釋吧。請想像眼前有一條直線，當直線上的點被決定為三或十時，它的位置基本上就固定了，對吧？相對地，當我們以x軸為橫軸、以y軸為縱軸來考量座標軸時，座標軸上的點就必須決定x和y兩個值。換句話說，直線上的點只有一種自由，座標軸上的點則有兩種自由。這種自由度在數學當中又稱**次元**，**次元一旦增加，世界就會急劇擴張**。

無法彈跳的螞蟻生存在二次元的世界，可以跳得很高的青蛙則生存在三次元的世界。原本螞蟻和青蛙站在彼此的面前，下個瞬間青蛙卻跳到了螞蟻的背後，此時螞蟻恐怕會嚇一大跳：「青蛙竟然瞬間移動了！」次元的增加，意味著一個遠超過想像的新世界即將在眼前展開。

如果你得到的資訊不夠充足的話，不妨思考一下能否透過乘法式整理，讓這些稀少的資訊化為增加次元（自由度）的工具。相信你一定能夠看見一個全新的世界！

意願－能力（Will-Skill）矩陣

最容易與「透過乘法帶來大量新資訊」聯想在一起的，就是表格式思考術等工具中常見的「矩陣」。此處要為各位介紹的是著名的**意願－能力（Will-Skill）矩陣**。

意願－能力矩陣是一種為了讓我們與同仁或下屬間的溝通更有效，而將人依照意願（Will）和能力（Skill）兩種不同指標加以分類的方式。兩種指標相乘總共可區分出四種類型，分類完成後，即可知道我們應該用什麼樣的態度

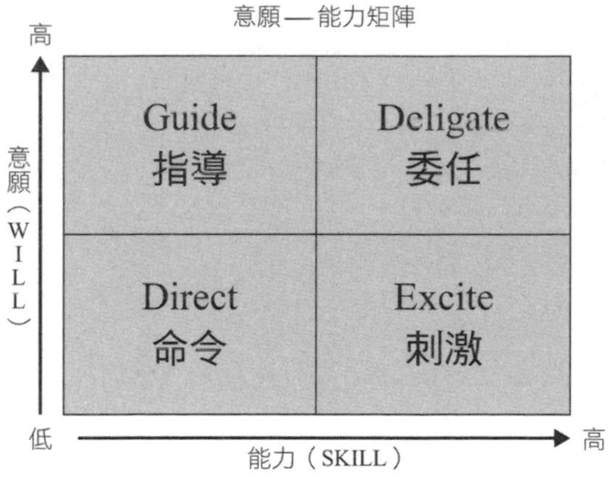

（能力高）×（意願高）＝委任（Deligate）
（能力高）×（意願低）＝刺激（Excite）
（能力低）×（意願高）＝指導（Guide）
（能力低）×（意願低）＝命令（Direct）

來面對該同仁或下屬。

能力高且意願也高的人，即使把工作完全交給他也沒問題，因此我們可以採取的行動是「委任」。能力高但意願低的人，為了提高他的工作動力，我們可以採用時而褒獎時而訓斥的方式給予「刺激」。能力低但意願高的人，未來的發展潛力也高，所以我們可以透過「指導」的方式加以培育。能力低且意願也低的人，我們恐怕只能採取「命令」的方式來對待他了。

如何呢？把意願和能力這兩種性質相異的指標，依據指標的程度綜合檢視，就可以很明確地得出溝通上應採取的策略。

腸枯思竭的時候，大膽地**用乘法式思考將相異的概念湊在一起，就是一種典型的數學式思考。**

準備一份高效率的檢查表

到目前為止，我們已經介紹了能推理出隱藏資訊（性質）的分類和乘法式整理。嚴格說來，這些都是在必要資訊不足的情況下，可以採取的處理方式。但是在實際的工作或生活當中，我們或許更常碰到被大量資訊包圍的情況。此時該採取的方針是**只檢視最低限度**

的必要資訊，然後決定下一步行動。

世界上有很多**這方面的專家**。很多「整理」早已完成於這些專家或前人之手。所以身為後人的我們，理所當然只需扮演乘涼的角色。

國中數學的三角形全等條件，就是這種高效率檢查表的經典範例之一。

不用說也知道，三角形是由三個角和三個邊所組成，所以一個三角形總共有六組資訊。如果「兩個三角形全等」，代表這六組資訊完全相同，但如果**仔細篩選的話，其實六組當中只要有三組相同，即可證明兩個三角形全等**。這就是所謂的三角形全等條件。三角形全等條件如下：

三角形的全等條件

(i) 三個邊對應相等（三邊相等）

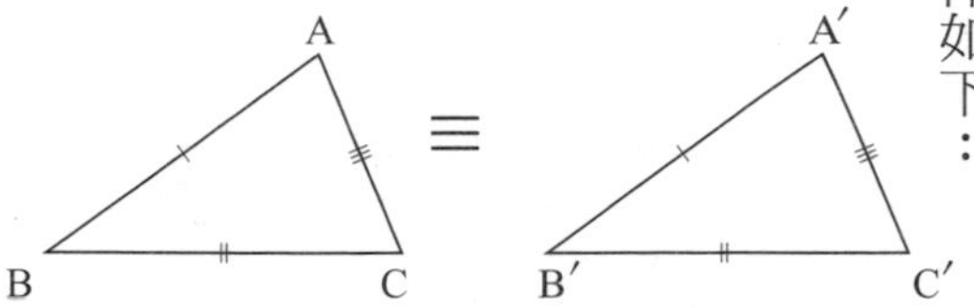

(ii) 兩個邊及其夾角對應相等（兩邊夾角相等）

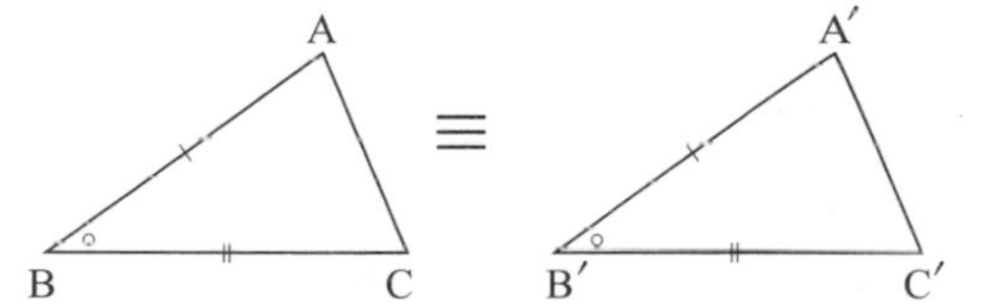

(iii) 兩個角及其夾邊對應相等（兩角夾邊相等）

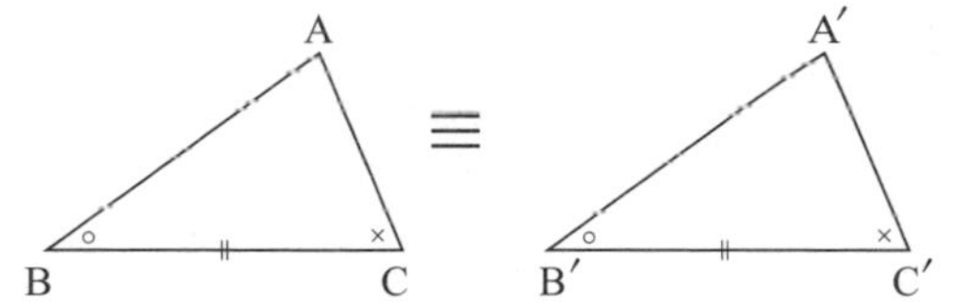

（i）三個邊對應相等（三邊相等）

（ii）兩個邊及其夾角對應相等（兩邊夾角相等）

（iii）兩個角及其夾邊對應相等（兩角夾邊相等）

從三角形的六組資訊中挑選三組的方法還有：

（iv）三個角對應相等

（v）兩個邊及其夾角之外的角度對應相等

（vi）兩個角及其夾邊之外的邊對應相等

但選擇iv到vi的話，光憑這些資訊並不能判斷兩個三角形是否全等。i到iii的條件足以構成高效率的檢查表，但iv到vi的條件卻是低效率的檢查表。

ECRS檢查表（改善四原則）

在此介紹高效率檢查表的另一個例子，就是**ECRS檢查表**。這種檢查表又稱**改善四原則**，如果你身處生產管理等領域的話，想必對此並不陌生。ECRS分別代表Eliminate（取消）、Combine（合併）、Rearrange（重組）和Simplify（簡化）。一般來說，在思考如何改善作業程序時，只要詳加確認這四點，就可高效率地取得良好的成果。

【ECRS檢查表】

取消（Eliminate）：能否省略工程、作業、動作？

合併（Combine）：能否同時進行多組工程？

重組（Rearrange）：能否調換順序？

簡化（Simplify）：能否簡化作業？

從三角形的全等條件可知，當我們被大量資訊包圍，無法逐一確認的時候，擁有一份高效率檢查表是一件非常有效的事。

想必也有很多人曾在搬家的時候，使用過搬家業者提供的「確認清單」檢查表吧。或是在駕訓班手忙腳亂地確認細節時，經過教練說明確認事項和方法後，好不容易才恢復冷靜吧。此外，在最近特別受到矚目的統計學中，比起巨量資料，人們更傾向於藉由確認全體資料的平均值、中間值、標準差、相關係數、p值等，來掌握整體概況。

面向 2

順序概念

・選擇時由大到小
・證明時由小到大

請容我提一件私事。我現在有一個快滿五歲的大女兒，和一個剛滿兩歲的小女兒。小女兒終於慢～慢能夠跟人對話，當她們姊妹倆玩在一起的時候，我最常耳提面命的就是「排隊」這件事。姊姊先使用的東西，要等姊姊使用到一個段落以後才可以換人。在公園溜滑梯或盪鞦韆的時候，如果有其他小朋友在排隊的話，就要乖乖在隊伍最後面等候。總之，我覺得自己每天都在重複提醒同樣的事。因為如果她不懂得排隊的話，我擔心她將來沒辦法和其他朋友一起玩，甚至可能被朋友們排擠。即使是快上小學的小朋友，也都懂得遵守先排隊的人先玩玩具，或是先溜滑梯的規矩。可見在孩童們的心中，也能夠接受這種遵循正確順序的觀念。

我在前文提到「學習數學是為了培養邏輯力。所謂的邏輯力就是能夠理解他人所表達的意見，並能用自己的想法說服他人的能力。」換言之，要成為一個有邏輯力的人，**必須能夠理解和說服他人，其中「遵循順序」是基本中的基本。**

選擇時由大到小

那麼一個有邏輯力的人必須遵循的，究竟是什麼樣的順序呢？其實這取決於你今天的目的是要選擇一樣東西，還是要證實某件事的正確性。我們先來談談選擇東西時的正確順序。請思考一下以下的例子：

員工A和B打算在午休時間去買今天的午餐。午休時間一小時，預算是日幣一千圓以內。兩人今天都想吃肉。

A心想：「百貨公司的地下美食街應該有賣很多好吃的東西。」於是他選擇去車站前的百貨公司買午餐。然而，百貨公司的地下街很多都是高級餐廳，即使找到看起來很美味的漢堡肉便當，還是超出了原本的預算。來回找了三十幾分鐘以後，還是沒找到符合預算的東西。結果A只好一邊嘟囔著「今天運氣真差」，一邊打消吃肉的念頭，跑到車站前的蕎麥麵店解決他的午餐。

另一方面，B從一開始就決定到公司附近的便當店買午餐。理由是只有便利商店或便當店能夠符合他的預算。結果B在便當店找到了一個日幣六百八十圓的「特選牛排蓋飯」，他高興地在內心呼喊「太幸運了～！」順利地達成了最初的目的。當然，時間上也還相當充裕，因此他回到辦公室以後，便心滿意足地享用了他的午餐。

怎麼樣呢？B能夠滿足地享用午餐，真的是因為他運氣比較好嗎？不是吧。B能夠達成目的純粹是因為他的思考方式比較有邏輯。那A的問題又出在哪裡呢？我們把兩人選擇午餐的方式，用圖畫的形式來比較一下。

A 選擇午餐的方式

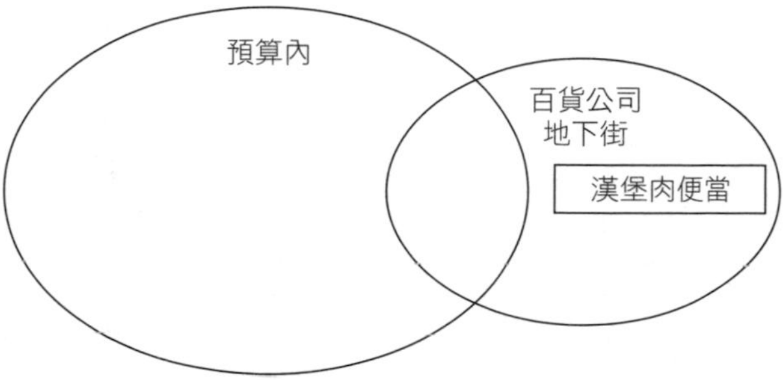

B 選擇午餐的方式

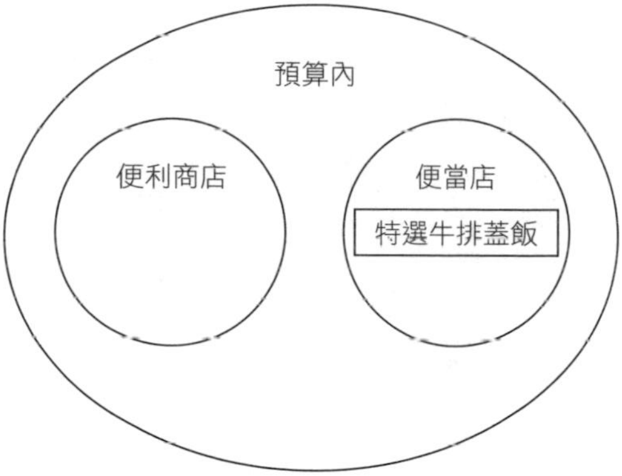

B從一開始就選擇了價位符合預算的店。因此無論他選擇店內的哪個便當，都不必擔心會超出預算，也不會有敗興而歸的情況發生。他可以在很有效率的情況下，安心挑選一個他今天想吃的便當。

另一邊的A呢，他選擇配合今天「想吃好吃的肉」的心情，跑到了百貨公司。但是百貨公司地下街賣的東西，有很多都超出預算，所以他在挑選時，必須一個一個注意價錢。很多商品即使乍看之下很吸引人，價格卻超出了預算。要從其中找出符合他口味和預算的商品實在很費勁，實際上也相當耗時。而且這種方法還不保證能夠讓他在預算內買到便當。雖然A的這種搜尋方式有可能讓他「挖到寶」，卻稱不上是合理的採買方式。

必要條件和充分條件

在進一步討論之前，我們先來複習一下何謂**必要條件和充分條件**。我想各位對這兩個詞肯定不陌生，但真正能夠掌握確切定義的人卻意外地少。如果用字典的形式加以定義，就是：

「當命題『若p則q』為真，則p為充分條件，q為必要條件。」

我想幾乎沒有人能理解這句話是什麼意思吧？再拆解得詳細一點的話，

必要條件：對某事件的成立來說（至少）必要的條件

充分條件：對某事件的成立來說（足夠）充分的條件

可以用這樣的方式來解釋，但這樣依舊不夠清楚吧？我在說明必要條件和充分條件時，經常使用以下的例子：

居住在神奈川縣，是居住在橫濱市的必要條件；

居住在橫濱市，是居住在神奈川縣的充分條件。

一個人至少得居住在神奈川縣，才有可能達成居住在橫濱市的條件（編按：橫濱市位於神奈川縣內）；相反的，一個人如果居住在橫濱市的話，代表他一定（足夠）符合居住在神奈川縣的條件。根據這樣的定義，如果我們把充分條件和必要條件聯想成：**必要條件＝寬鬆的條件；充分條件＝嚴格的條件**。或許會比較容易想像吧。

再來，如果把剛才的例子畫成圖的話，就會如上圖所示。

根據上圖，我們可以把必要條件和充分條件分別視為：

必要條件＝大範圍

充分條件＝小範圍

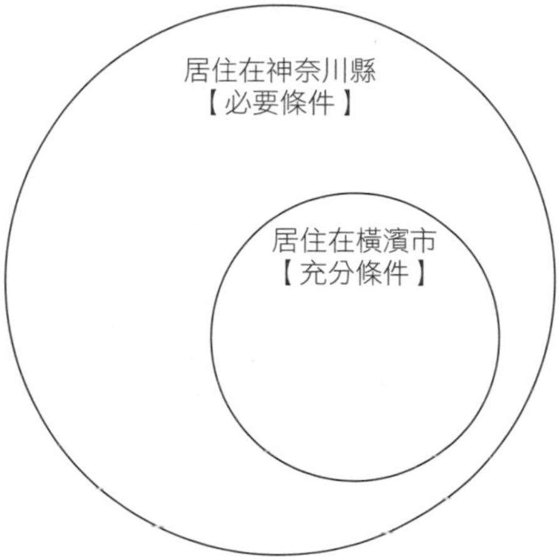

將上述內容加以整理後，就會是：

必要條件＝寬鬆的條件＝大範圍

充分條件＝嚴格的條件＝小範圍

合理選擇的原則

當我們嘗試做出邏輯性的選擇時，最重要的就是遵循這樣的順序：

利用必要條件進行篩選→確認是否符合充分條件。

看起來好像有點複雜，但其實大部分人在做「選擇」時，應該都是遵循著這套順序採取行動。我就舉「衣服」為例好了。早上打開衣櫃挑選衣服時，你一定會先從適合當天天氣的衣服開始挑選吧？冬天選擇可以禦寒的衣物，夏天選擇舒爽透氣的衣物。因為在選擇今天的衣服這件事情上，「必要條件（寬鬆的條件＝大範圍）」就是「適合當季氣候」。不過光靠這個條件，還不足以讓你決定當天要穿什麼。接下來你應該會從適合當天天氣的衣服中，根據TPO原則（時間、地點、場合）挑選出合適的衣物吧。例如要去上班的話就穿西裝，要去健行的話就穿容易活動的衣服。講究時尚的人，說不定還會把「能夠搭配今天的包包」納入「必要」條件之中。總而言之，經過這樣一番篩選之後，應該就只剩下少許選項了。此時你要做的最後一件事，就是逐一檢視剩下的選項是否符合你今天的心情。而「符合今天的心情」，就是「充分條件（嚴格的條件＝小範圍）」。我想應該很多人都有類似的經驗吧？明明按照必要條件篩選出幾個選項，結果每一件都不喜歡，只好告訴自己：「該買新衣服了。」這種事情或許因人而異，不過「符合今天的心情」恐怕是最嚴格的條件了，如果連這個條件都滿足的話，大概也會覺得「自己的衣服已經足夠了」吧。

各位就是像這樣在不知不覺中，完成了「利用必要條件進行篩選↓確認是否符合充分條件」的順序。不過如果你像前例中買不到午餐的Ａ一樣，被欲望牽著鼻子走的話，最後也有可能會鬼迷心竅地破壞這個原則。一旦原則被破壞，風險性就會增加，導致無法做出合理的選擇，所以還請特別注意。

關於「證明」

前面我們討論的是符合邏輯性選擇的正確順序。然而，當我們試圖證實（亦即證明）某件事的正確性時，順序就前後相反了。好……在開始之前，我們先來複習一下證明的基本概念。

所謂的證明，就是

假設
⇐（則）
結論

從「如果〇〇的話」開始，到「□□」的結論為止，將這段過程用符合邏輯且淺顯易懂（我認為這一點也很重要）的方式表現出來，就是「證明」。

另外，證明的對象僅限於人們能夠客觀判斷對錯的事物。我們可以把這些事物稱作**「命題」**。舉例來說：

「咖哩很好吃。」

這句話看起來似乎沒有不對的地方，但好不好吃是很主觀的看法，無法客觀判斷，因此這句話不能算是命題。我們再看另一個例子：

「日本的人口超過兩億。」

雖然這句話明顯有誤，但由於人口可以根據資料進行客觀的判斷，因此這句話是命題。而所謂的證明，就是**用邏輯性的方式證實「如果○○的話，則□□」的命題為真。**

正確的證明是由小到大

在我寫這本書的二〇一三年春天，有一部短片在網路上掀起話題，標題是「放六個月也不會長黴菌，永遠的快樂兒童餐幻燈秀」。製作短片的人，將麥當勞的漢堡快樂兒童餐拆掉包裝，放在室溫下六個月，然後把每天拍下來的照片製作成幻燈秀。由於幻燈秀中的漢堡，在放了一百八十天以後仍然沒有長黴菌，因此網友們便紛紛鼓譟：「哇，這裡面究竟添加了多少對身體不好的東西（防腐劑）啊！」

確實，

不會腐壞（不會長黴菌）
⇐
添加很多防腐劑
＝
對身體不好

我能理解人們為何會產生這樣的聯想，但事情真的是這樣嗎？

眼見這場風波愈演愈烈，一名心中懷抱疑問的部落客決定親自展開實驗。結果根據他的實驗，無論是麥當勞的漢堡，還是用牛肩肉的絞肉做成的手工漢堡，都不會隨時間經過而腐爛！理由據說是因為扁平的漢堡肉就跟麥當勞薄薄的漢堡肉一樣，由於表面積較大，濕氣容易散發，因此不容易長黴菌，也不容易滋生細菌（調理過程中經過大火殺菌也是原因之一）。透過這場實驗，人們終於瞭解，原來不會腐爛的食物，其中不見得添加有防腐劑。

如果把上述情況畫為圖形，就會呈現這個模樣：在部落客的實驗結果出爐前，許多人都以為：

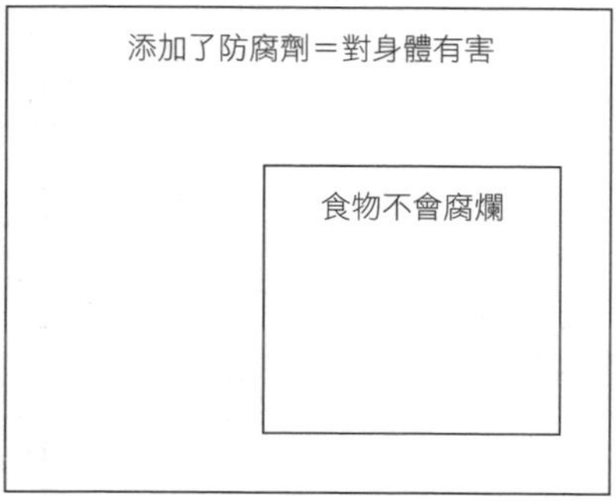

換句話說，很多人都認為不會腐爛的食物，當中一定添加了防腐劑，所以肯定對身體有害。然而根據部落客的實驗，在所有不會腐爛的食物當中，也有沒添加防腐劑的食物，因此實際上的關係應該是：

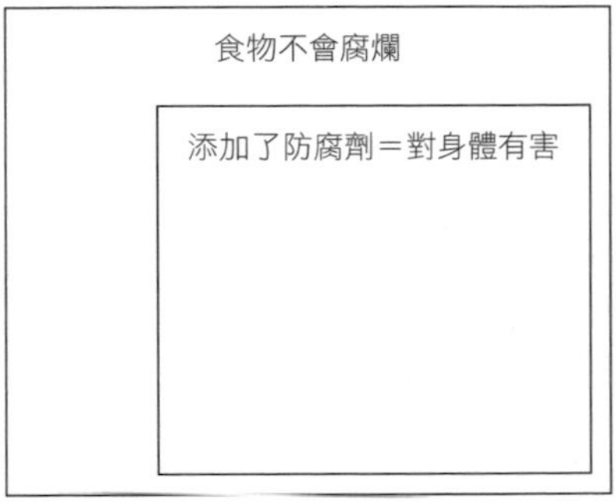

換言之，我們不能因為食物不會腐爛，就斷定其中添加了防腐劑＝對身體有害（事實上，「添加了防腐劑＝對身體有害」的「＝」，也應該經過徹底檢驗才行。）順帶一提，美國麥當勞在這件事情爆發後，也公開提出了「未添加防腐劑」的聲明。

接下來，我們回過頭來看看剛才提到的必要條件和充分條件。

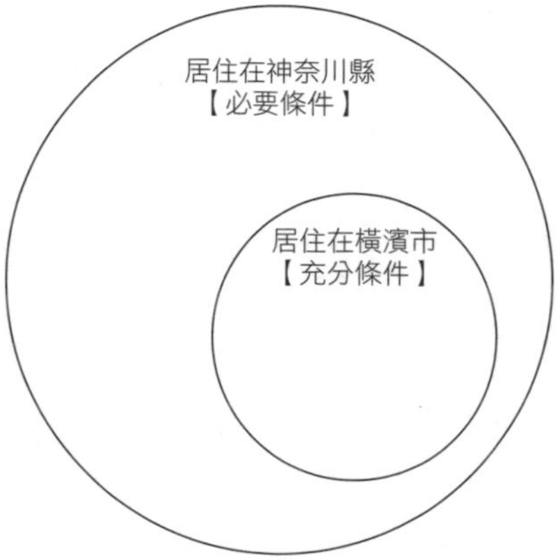

必要條件是大範圍，充分條件是小範圍。如果某人住在橫濱市的話，代表他當然也住在神奈川縣，所以由此可知

居住在橫濱市（充分條件：小範圍）

⇐（則）

居住在神奈川縣（必要條件：大範圍）

此命題是正確的（為真）。不過，當情況反過來的時候，即使某人住在神奈川縣，也不表示他就住在橫濱市，因此

居住在神奈川縣（必要條件：大範圍）

⇐（則）

居住在橫濱市（充分條件：小範圍）

此命題並不正確（為假）。**在邏輯當中，「小⇓大」總是為真，「大⇓小」總是為假。**

（作者註）

若有任一事例不符合實情，我們則說該命題為「假」。例如，假設某班級學生當中，只有一人身高超過一八〇公分。此時，「這個班級的學生身高都在一八〇公分以下」就是不正確的敘述。命題當中只要出現任何反例（不符合實情的事例），就代表該命題為假。

我們再來看看另一個例子吧。有人說：「只要誠心地許願，夢想一定會實現。」這句話在邏輯上是正確的嗎？雖然心理上很想大喊：「沒錯！」但很可惜的是，這句話在數學上似乎說不通。因為實現夢想的人，或許曾經誠心許願沒錯，但應該也有人是誠心許了願，卻還是沒能實現夢想才對。以圖形來表示的話，就會是這樣：

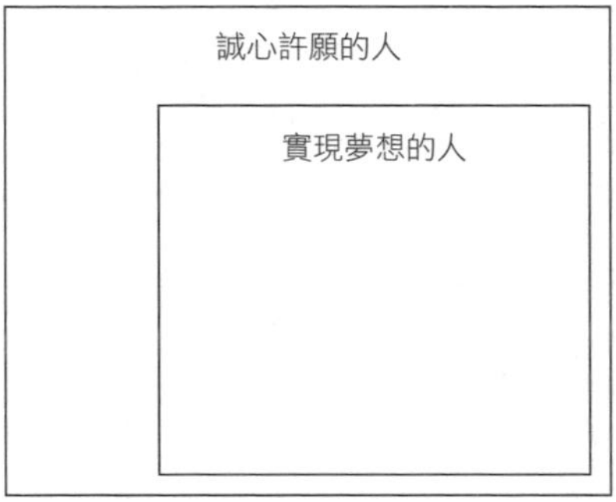

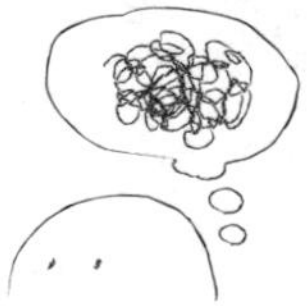

誠心許願的人比實現夢想的人還多。因此「誠心許願⇓實現夢想」是「大⇓小」，也就是說這是一個「假命題」。

我們再把這種原則套用在企畫上看看。假如某一年，你被選為員工旅行的負責人。員工大部分都是三十到四十歲的男性。根據調查公司的統計資料，通常三十歲到四十歲的男性會呈現下圖的取向：

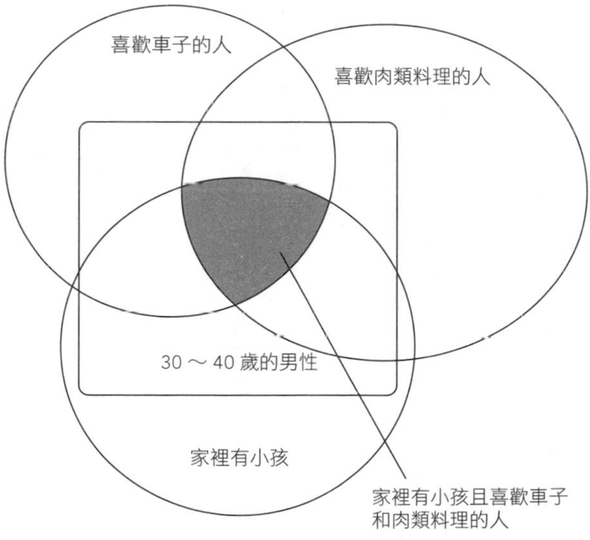

看到這裡，為了讓所有人都滿意這趟旅程，企劃的內容很有可能針對中間這群「家裡有小孩且喜歡車子和肉類料理的人」設計。

比如說，安排一趟三天兩夜的F1賽車觀賽之旅，然後在行程中加入有名的人氣牛排屋，以及可以幫小孩買到特殊造型玩偶的紀念品店。但這樣一來，由於偏好這種行程的人只占其中一部分，因此對大多數人來說恐怕「行程有點太滿了」。與其這樣，不如把F1觀賽、牛排屋和紀念品店都列為開放選項，告訴眾人：「需要的話可以帶各位走一趟。」（雖然實際上是一件很麻煩的事），這樣應該比較能夠滿足大部分的員工吧。我想各位讀者應該都很清楚了，由於「三十到四十歲的男性⇓（則）家裡有小孩且喜歡車子和肉類料理的人」的推論是「大⇓小」，因此這是一項假（錯誤）命題。不過，「三十到四十歲的男性⇓（則）家裡有小孩，或喜歡運動，或喜歡肉類料理」的推論是「小⇓大」，因此這是一項真（正確）命題。

當我們在運用必要條件和充分條件的時候，**推導出正確證明（邏輯）的訣竅，就是以充分條件為假設，以必要條件為結論來進行思考。**

「風一吹，木桶店就會賺錢」是真命題嗎？

接下來，為了複習前述所有觀念，我們來思考一下那句著名的諺語吧。「風一吹，木桶店就會賺錢」，這句話就是標準的「如果○○的話，則□□」的「假設⇓結論」句型，不過它能夠算是一道真命題嗎？「風一吹～」出自無跡散人的作品《世間學者氣質》，作者在文中寫道：

> 今日大風使沙塵吹入人眼，世上出現大量盲人。是以三味線供不應求。由於需要大量貓皮（當時的三味線是以貓皮製作），因此世界上的貓數量銳減。其後老鼠肆虐，把木桶咬得滿目瘡痍。木桶行業看似值得一搏，唯手邊無本，只得打消此意。

換句話說，「風一吹，木桶店就會賺錢」的「邏輯」如下所示。

①大風吹起沙塵。

⇐

②沙塵吹進人的眼睛裡，導致盲人增加。

⇐

③盲人購買三味線（因當時的盲人以此謀生）

⇐

④製作三味線需要貓皮，因此貓被捕殺。

⇐

⑤貓的數量減少，使老鼠數量增加。

⇐

⑥老鼠咬壞木桶。

⇐

⑦木桶需求量增加，木桶店大賺一筆。

沒錯吧？從現代的人觀點來看，②⇓③似乎有點牽強，但應該也有很多人照順序看下來以後，不禁點頭默認「確實是這樣沒錯」吧。因為每一個「⇓」看起來都很合理。不過正如前文所說，正確的證明應該是「小⇓大」才對，所以為了確認這一點，我們也把以上的過程，畫成圖形來檢視一下吧。

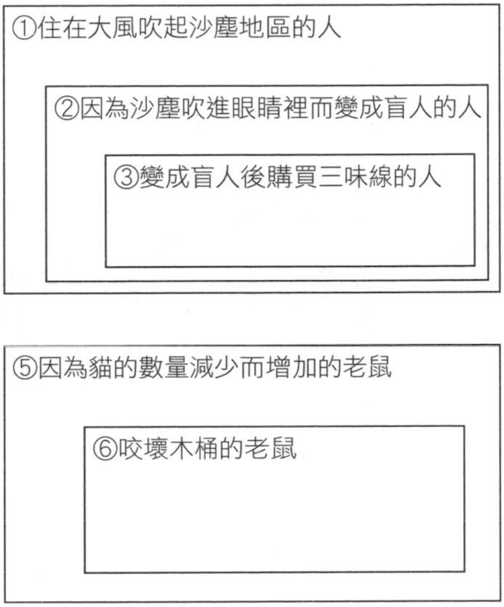

好了，現在邏輯很明顯了吧。在「風一吹～」的情況下，至少「①⇓②⇓③」和

「⑤⇓⑥」是「大⇓小」，因此這道命題並不正確。一來沙塵吹入眼中，不一定會變成盲人；再者變成盲人的人，也不一定會買三味線。至於老鼠的部分，即使因為貓的數量減少而增加，也不見得會把木桶咬壞。

換言之，「風一吹，木桶店就會賺錢」不一定會成立，頂多只能說「有可能會成立（有這樣的可能性）」而已。反過來說，由於其中有不符合實情的事例（反例），因此這個理論是一道「假（錯誤）」命題。

當然，在下相當清楚「風一吹～」只是一句俗諺，實在沒必要為此大聲嚷嚷：「這不符合邏輯！」一邊竊笑一邊體會「邏輯化」的樂趣，或許才是正確的分析態度吧。話雖如此，這個世界上實在有愈來愈多類似這樣的「詭異命題」，害我怎麼樣都無法不去在意。比如說：

「有吃早餐習慣的孩子，成績比較好。」
「只要接受早期教育，就能考上名校。」
「炎熱的夏天，啤酒銷量比較好。」
「去山下公園約會的情侶都會分手。」

……等族繁不及備載。但由於這些全部都是「大⇓小」，因此不能說是真命題。在這樣的情況下，可能就必須透過相關係數等統計學的方式，來表現兩件事情的關聯程度。

啊，這一節還沒有出現算式耶。這樣下去可能有人會說：「我根本不記得自己有學過這些東西啊！」所以我們還是先來複習一下，高中的時候究竟是如何使用「小（充分條件）⇓大（必要條件）為真」的概念吧。

【問題】

「若 $x<a$，則 $x\leq 5$」，假設此命題為真，求整數 a 的最大值。

【解答】

好，相信這題對有讀書的各位來說，肯定很簡單吧。如果要讓此命題為真的話，只要**符合「小⇒大」即可**。當 a 是整數的時候，我們可以在下圖中標示出範圍：

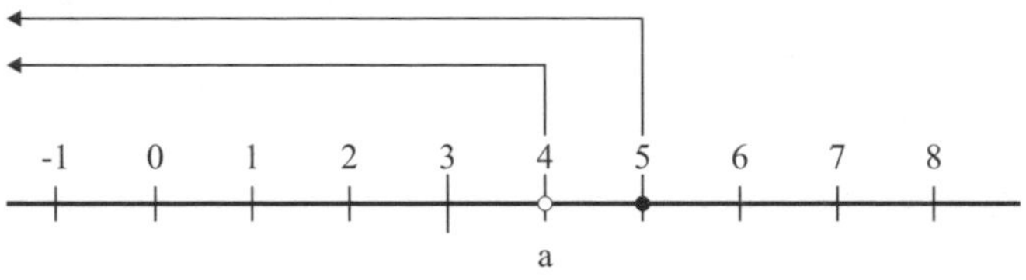

a=4 是「小 => 大」
a=5 是「小 => 大」
a=6 是「大 => 小」

由此可知，a 在 5 以下的時候是「小 => 大」，沒錯吧？故若此命題為真，則 a 的最大整數就是 5。

面向 3

轉換

・換句話說
・運用因果關係

我在第一章〈喚醒你的數學力〉當中寫道：「作者會不斷重複他想傳達的訊息。」由於專業的作家會把自己的主張A，巧妙地變換成A'，因此我們在解題時只要掌握「A＝A'」的關係，問題就可以迎刃而解。

小孩子看到想買的玩具時，都會任性地吵鬧：「買給我！買給我！快買給我嘛！」然後不斷重複同樣的話語，但這種行為卻不會出現在我們大人身上。因為任何一個大人都知道，光是重複同樣的話，並不能讓別人把話聽進去。所以我們才會把想傳達的訊息變換成各種不同的形式。

拿情書為例，如果想告訴對方「我喜歡你」，光是重複幾十次「我喜歡你」，也無法深刻地讓對方體會到我們的心情吧（當然也有例外啦！）所以我們才會用其他各式各樣的話語來代替「我喜歡你」。

芥川龍之介曾在婚前寫情書給他未來的妻子文子。以下擷取信中的一段內容（摘自山崎光夫《竹藪中之家（暫譯）》）

文子：

感謝前日田端鄉里轉交之信件（中略）見面並無要事交代，但仍渴望與妳見面相處。很莫名嗎？儘管莫名，我的心情依舊不變。妳可別取笑我。

再來還有一件妙事。每次想起妳的臉時，腦海中浮現的永遠是同一種表情。要說是什麼表情，其實也說不明白，總之就是微笑的表情吧。我曾在高輪的玄關看過這個表情。（中略）我時常想起那副表情。我就是如此煎熬地想念著妳。但即使煎熬，我仍感到幸福。我習慣在一切都很幸福的時候，預想最不幸的狀況。我用這種方式鍛鍊我的心臟，以免將來遭遇不幸。其中一個狀況就是妳無法再來找我。（只是自己在揣想而已，沒有任何理由。）（中略）

時間晚了（凌晨一點），我決定就此打住。妳應該已經睡了吧？彷彿可以看見妳睡著的模樣。倘若我在妳身旁，肯定會輕撫妳的眼皮，願妳有好夢一場。以上。

十月八日夜
芥川龍之介

這封情書最厲害的一點，在於整篇文章從頭到尾都沒出現「我喜歡你」或「我愛你」，卻能讓人深刻感受到龍之介先生對文子小姐的思念是多麼迫切。

「渴望與妳見面相處。」

「即使煎熬，我仍感到幸福。」

「其中一個（最不幸的）狀況就是妳無法再來找我。」

「輕撫妳的眼皮，願妳有好夢一場。」

這些全部都是「我喜歡你」的另一種說法吧。可以說是意思幾乎一模一樣的表達方式，或是因為喜歡才會出現的結果。

如此美好的情書，如果再繼續分析下去，恐怕只會顯得我很庸俗，所以我們就在此打住吧。不過在接下來這一節當中，我想針對數學思考術之一的**「轉換」**，分成兩個方向深入探討，一是**「換句話說」**，二是**「運用因果關係」**。

首先，我們先從「換句話說」開始。

換句話說

記得有一次，長嶋茂雄在轉播棒球的時候，被問到他對於賽事的看法。據說當時他的回答是：

「嗯，這個嘛……這場比賽應該是得分超過對方一分以上的隊伍會贏吧。」

聽到這句話，八成有很多人會心想：

「哈哈哈，這不是廢話嗎！長嶋先生的神經怎麼還是這麼大條啊！」

我們會認為長嶋先生的「解說」，「理所當然」到不禁失笑的程度，正是因為這**完全是一個標準的換句話說**。

還記得前一節我們複習了必要條件和充分條件吧？寬鬆的條件（大範圍的條件）就是必要條件，嚴格的條件（小範圍的條件）就是充分條件。同時，我們也確認了一件事，就是**居住在橫濱市（充分條件）⇓居住在神奈川縣（必要條件）**

像這種「充分條件⇓必要條件」的命題，絕對都是正確的真命題。我們把這種原則應用在長嶋先生的「解說」上看看。假設現在有A和B兩個隊伍在比賽。為了確認「A隊勝利」和「A隊的分數超過B隊一分以上」，何者為必要條件，又何者為充分條件，我們先列出兩種命題。

A隊勝利⇓A隊的分數超過B隊一分以上
A隊的分數超過B隊一分以上⇓A隊勝利

咦？奇怪了，看來看去好像兩種都符合邏輯耶。這麼說來，「A隊勝利」和「A隊的分數超過B隊一分以上」都是必要條件，也同時都是充分條件囉？沒錯！像這樣**即使把⇓（則）前後互換，命題依然成立的時候**，我們就把兩種條件都稱為**充要條件**。而當前後兩件事互為彼此的充要條件時，我們就把這兩件事稱為**等價**。換句話說，「A隊勝利」和「A隊的分數超過B隊一分以上」互為充要條件且等價。

當我們要把一件事情換句話說時，只要換成與那件事情為充要關係的另一件事（等價條件），就絕對不會有邏輯上的破綻。前述長嶋先生的「解說」是把棒球比賽的勝利，代換成等價的「分數超過一分以上」，因此在邏輯上可以說是正確無誤。

這個例子恐怕有點極端，但比方說：

長方形⇓所有角度皆相等的四角形
所有角度皆相等的四角形⇓長方形

由於兩者皆為正確的命題，因此「長方形」和「所有角度皆相等的四角形」是等價條件。亦即當我們把「長方形」代換成「所有角度皆相等的四角形」時，這在邏輯上並不會影響到它的正確性。

順帶一提，充要條件和等價的概念，在數學課本上的定義如左頁所示：

「（若）$p \Rightarrow$（則）q」
和
「（若）$q \Rightarrow$（則）p」
當兩者同時為真時，p是q成立的充要條件，q 也是 p 成立的充要條件。
另外，當 p 和 q 互為彼此的充要條件時，我們說「p 和 q 等價」，並以「$p \Leftrightarrow q$」表示之。

哎呀，這種生硬的內容實在很難理解吧？但幾乎所有數學課本的形式都大同小異。所以儘管內容不甚討喜，但當我們把一件事情用另一件事情代換的時候，仔細注意兩件事情是否等價，是講究邏輯時不可忽略的關鍵。

尤其日本有句俗諺說：「蛋切得不好，圓的也能變成方的；話說得不好，再無心也顯得傷人。」即使是同樣的內容，如何找出一種不讓對方受傷的說法，一直是我們最注重的美德。雖然有時可能會給人一種話中有話的感覺，但可以肯定的是，「換句話說」一直是深植在日本文化中的精髓。只是世界上有不少的「換句話說」意思根本不同，因此遇到類似狀況時，還請多加留意不要受騙上當了。

1

一般來說，數學式的變換必須符合等價變換的原則。例如：

$$2x+1=5$$

面對此方程式，我們可以用以下的方式求得正解：

$$2x+1=5$$
$$\Leftrightarrow 2x=5-1$$
$$\Leftrightarrow 2x=4$$
$$\Leftrightarrow x=2$$

原因是每一列都符合等價變換的原則。
然而，

$$\sqrt{x}=x-2$$

沒錯吧？首先，我們用基礎（ ii ）來分解算式。然後再套用基礎（ iii ）的概念。

$$x=(x-2)^2$$
$$\Leftrightarrow x=x^2-4x+4$$
$$\Leftrightarrow x^2-5x+4=0$$
$$\Leftrightarrow (x-1)(x-4)=0$$
$$\Leftrightarrow x=1 \text{ 或 } x=4$$

求得答案以後，當 $x=4$ 時，

← **接下來請看②**

$$\sqrt{4}=4-2$$
$$2=2$$

我們可以確定這個答案是正確解答，但當 $x=1$ 時，

$$\sqrt{1}=1-2$$
$$1\neq-1$$

結果卻變得如此弔詭。為什麼會這樣呢？
這是因為一般來說，「兩邊取平方」的轉換方式並非等價變換。

如果沒有注意到這件事，最後就會像上述一樣得到錯誤的「答案」。
要正確解答這個問題，必須注意 $\sqrt{x}$ 是正數，又因為 $\sqrt{x}=x-2$，所以在取平方的時候，還必須注記一個條件，就是：

$$x-2>0$$

才有辦法求得正解。

活用等價變換

把一件事情換句話說成等價的另一件事，我們稱之為「等價變換」。但等價變換並不是只有在說服別人時才能發揮作用。

比如說，有一場專業資格考試，合格的條件包括三年的實務經驗、筆試正確率達到百分之八十，而且必須通過面試。實務經驗、筆試和面試都是通過這場資格考試的必要條件，只要滿足這三項條件的人，一定能夠取得專業資格。換言之，

三年以上的實務經驗
筆試正確率達到百分之八十
通過面試

⇓（則）通過資格考試

同時，

通過資格考試

⇓（則）

三年以上的實務經驗
筆試正確率達到百分之八十
通過面試

聰明如你，想必已經看出來了吧。「通過資格考試」和「同時滿足實務、筆試、面試三項條件」互為充要條件。用「⇔」表示的話就是：

三年以上的實務經驗
筆試正確率達到百分之八十
通過面試

⇔（則）通過資格考試

若以圖形呈現，就會是這種感覺：

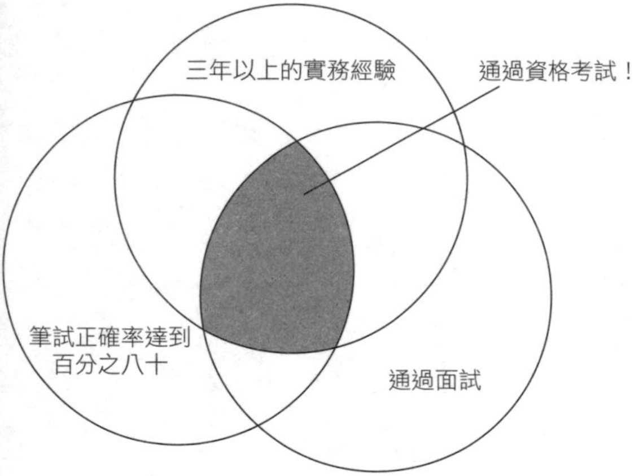

由於實務經驗、筆試和面試這三項條件，各自的範圍都比通過資格考試大（寬鬆的條件），因此若拆開來看，三者都屬於必要條件，但同時滿足實務、筆試和面試三項必要條件的範圍，卻與通過資格考試的範圍一模一樣。

當幾項**必要條件重疊在一起成為充要條件時**，對於試圖追求特定目標的人來說特別有用，就像這裡所舉的例子一樣。假如只是擁有一個通過考試的願望，然後一個勁地祈禱「我想通過考試」的話，這樣的願望應該永遠都不會實現吧。但是，如果把所有必要條件重疊在一起，找出通過考試的充要條件的話，就能夠訂定具體的目標，掌握明確的準備方向。就此例來說，我們只要知道「滿足實務經驗、筆試和面試三項條件」，與「通過考試」是等價關係，就可以把「想要通過考試」的心願，轉換成「累積三年實務經驗」、「用功唸書好在筆試中達到百分之八十的正確率」和「培養實力以通過面試」的三種行動。換句話說，我們可以**藉由等價變換把希望化為行動**。等價變換在這種時候也派得上用場。

理解「函數」

在平常生活或工作時，有不少時候我們必須根據眼前的「結果」追究事情發生的原因，或是預測當下的行動將造成什麼樣的結果。在這樣的情況下，大家應該都有光憑經驗或直覺判斷，結果卻導致重大紕漏的經驗吧。因此，接下來我將帶大家學習如何**正確地把原因變換成結果、把結果變換成原因**。為此，我們需要使用一種很厲害的武器，就是**「函數」**。啊，現在心中浮現「哇～出現了！」念頭的你，請先不要這麼緊張！雖然函數的世界確實很深奧，但函數的基礎絕對不難。而且我們在日常邏輯上會使用到的函數概念，只是**極為基礎**的部分，所以請放一百二十個心吧。

不知道各位是否知道，函數的「函」就是「把信投進郵函裡」的「函」，也就是「盒子」的意思。換句話說，「函數」就是「盒子裡的數字」的意思。

「盒子裡的數字？」

你一定很疑惑吧。讓我解釋給你聽。這裡所謂的「盒子」有兩個口，一個是「輸入口」，另一個是「輸出口」。當我們從輸入口放進某個值以後，輸出口就會跑出另一個值。不過輸出值並非任意值，而是根據輸入值決定的結果。而每一個輸入值會跑出什麼樣的輸出值，全都遵循著一套規則。也就是說，函數是一個「根據特定的規則，把輸入值變換成輸出值的盒子」。

舉例來說吧。假設這裡有一個「盒子」，放進一會得到二，放進二會得到四，放進三會得到六。你已經看出來了吧？沒錯，這個盒子的規則就是「輸出值會是輸入值的兩倍」。現在，假設我們從輸入口放進去的值為 x，從輸出口出來的值為 y（沒有限制一定要用哪個字母），那麼這個盒子的 x 與 y 之間的關係就是 $y=2x$。若以圖形呈現的話，就會像這樣：

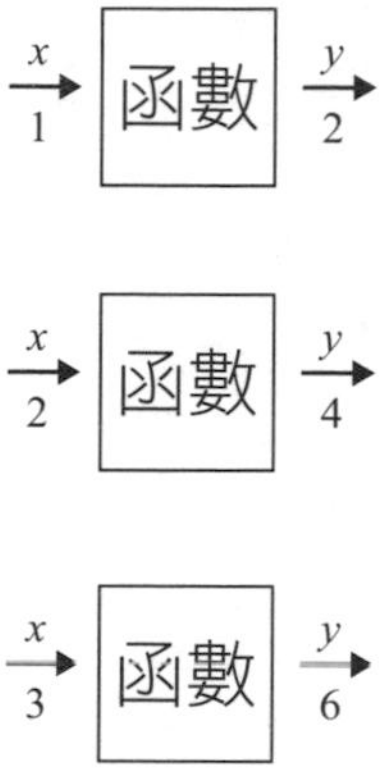

函數的內容：$y=2x$

此處最重要的一點，就是我們可以自由決定 x 的值。相對的，y 的值則取決於 x 的值。這種時候，我們就把 x 稱為**自變數**，把 y 稱為**應變數**。所謂的自變數，就是不受任何外在因素制約的變數。「x 為自變數」就是「把 x 代換成任何數字都可以」的意思。相對地，「應變數」則是無法自由決定值的變數。「y 為應變數」就是「y 值取決於其他數字（自變數）」的意思。像這樣，**當 y 值取決於 x 的時候，我們就說「y 是 x 的函數」**。

接下來，我要問各位一個陷阱題。請問當 $y^2=x$ 的時候，我們可以說y是x的函數嗎？我想既然都說是「陷阱題」了，各位應該多少有點頭緒了吧，其實 $y^2=x$ 的時候，y 並不是 x 的函數。為什麼呢？因為假設 $x=4$，出於平方後等於四的數字有二跟負二，因此我們無法確

定單一的 y 值（順帶一提，$y^2=x$ 時，x 是 y 的函數）。

$$y^2=4$$
$$y=\pm 2$$

把式子像這樣列出來以後，我彷彿可以聽到有人說：

「什麼？都已經求出兩個可能解了，還算不上是『確定』嗎？」

但此處執著於「單一解」是有理由的，因為我們必須讓 x 和 y 之間形成對我們有幫助的因果關係。現在，假設輸入值 x 是原因，輸出值 y 是結果，則一般來說，原因和結果之間的對應關係有下圖四種類型。

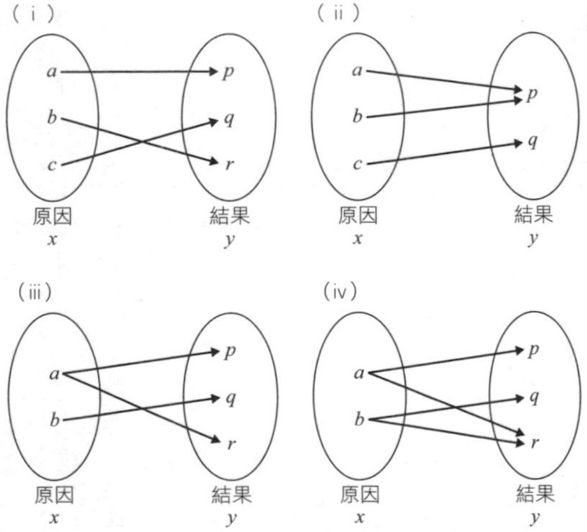

（ⅰ）每個原因都對應到一項特定的結果，且每個結果也都對應到一項特定的原因。
（ⅱ）每個原因都對應到一項特定的結果，但每個結果並不一定對應到一項特定的原因。
（ⅲ）每個原因不一定對應到一項特定的結果，但每個結果都對應到一項特定的原因。
（ⅳ）每個原因不一定對應到一項特定的結果，且每個結果也不一定對應到一項特定的原因。

好了，請問在這幾種類型當中，哪些對我們是有幫助的呢？首先，（ⅰ）的關係毫無疑問是最一目瞭然的吧？只要知道某件事情的原因與結果屬於類型（ⅰ）的關係，我們就能完全預料到未來即將發生的結果，同時也能確定過去某結果發生的原因。

類型（ⅱ）又如何呢？在這種情況下，由於我們能夠完全預測到未來即將發生的結果，因此可以安心地選擇自己應該採取的行動。只是因為結果不一定會對應到特定的原因，所以也有可能碰到比較麻煩的狀況。

類型（ⅲ）有點讓人傷腦筋呢。雖然能夠確定過去某結果發生的原因，並不能說是一件完全無益的事，但如果無法透過原因預測到未來的結果，我們就不知道接下來必須採取什麼樣的行動。很久以前，在行動電話尚未出現的年代，每次打電話到女朋友家，我都因為不曉得接電話的人會是她本人還是她爸爸，而緊張得提心吊膽，類型（iii）的情況就是會帶來這樣的不安。

類型（iv）的話，老實說就是莫名奇妙啊。在這種情況下，兩者之間根本沒有任何因果關係。

綜上所述，對我們來說**能夠安心選擇未來行動**的有益因果關係，就是每個原因都能對應到一項特定結果的類型（i）和（ii）。不曉得在經過以上的說明後，你是不是已經瞭解到，原因（x）對應到一項特定結果（y）的重要性了呢？

把結論彙總一下吧。

當 y 是 x 的函數時，
x 是自變數（輸入），y 是應變數（輸出）。
x 會對應到一個特定的 y。

現在我們已經上完函數的入門課了！怎麼樣呢？「函數」並不像你想像中那麼困難對吧？

函數才是真正的因果關係

好，接下來，讓我們把對函數的理解，應用在日常生活當中吧。如您所知，我們的生活周遭存在著許多「因果關係」。

- 她哭泣是因為男朋友忘了他們的紀念日。
- 員工被上司罵是因為電車出事誤點害他遲到。
- 經濟泡沫化是因為市場價格上漲程度遠超過實際價值。
- 沒買到特賣商品是因為平常壞事做太多了。
- 生意談得很順利是因為出門時先跨出右腳。

……等諸如此類的情況。咦？其中某些例子好像沒有因果關係吧？不過我們的生活中，確實隨處可見類似這樣的「邏輯」。為了辨識出邏輯正確的因果關係，我們必須就眼前的結果，鍛鍊出透視真正原因的能力。

那麼，究竟該怎麼做，才能看出真正的因果關係呢？此處所謂真正的因果關係，指的是**「結果為原因的函數」**的關係。如果原因獨立於任何情況之外，且該原因只對應到一項特定的結果，我們就可以說這是一個強而有力而且對於判斷有幫助的因果關係。

①設想的「原因」是否為自變數

如欲辨識出真正的因果關係，首先必須思考的問題是，我們所想的「原因」是否獨立於其他情況之外（是否為自變數）。

由於「真正的原因」是一段「故事」從原因到結果的起點，因此不會受到其他任何情況的制約。

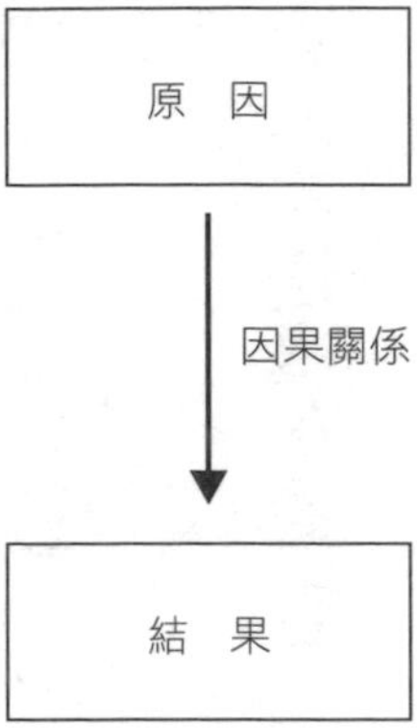

與此同時，一個乍看之下貌似「原因」的「假原因」，其實只是「真正的原因」的「結果」，而非「故事」的起點。在這樣的情況下，我們必須有能力辨識出「假原因」是因果關係①的結果，並且探究出「真正的原因」。以圖形呈現的話，就會像這樣：

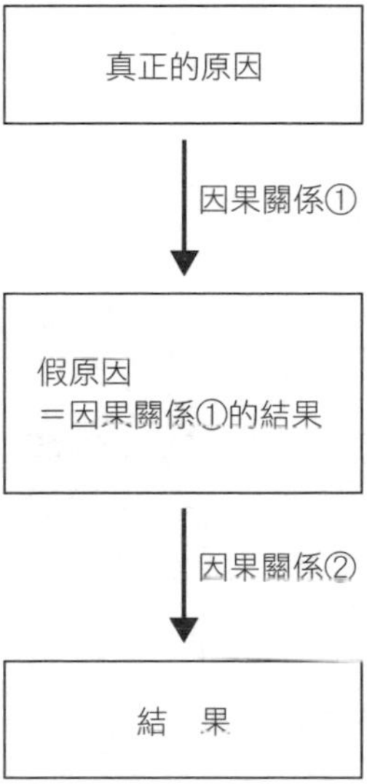

我們來檢驗一下前述的「她哭泣是因為男朋友忘了他們的紀念日」吧。在多數情況下，會不會忘記紀念日這件事，並不受其他事情影響。換言之，這是一個「自變數」，而不是其他「真正的原因」的結果。所以我們應該可以把「忘記紀念日」這件事，視為導致「她哭泣」這項結果的原因。

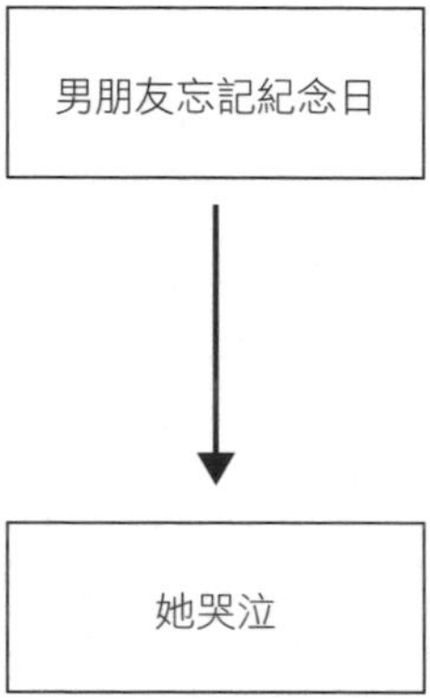

但是，如果他是個失憶症患者的話呢？（抱歉選了一個很極端的例子）如此一來，由於「忘記紀念日」是「失憶」這項原因的結果，因此並未獨立於其他情況之外。換言之，我們不能把它視為「真正的原因」。事實上，如果碰到這樣的情況，她應該也不會為了男朋友忘記紀念日而哭泣。況且男朋友會失憶八成也存在著其他的原因，所以我們或許可以推論她哭泣是因為最初的那項「真正的原因」。

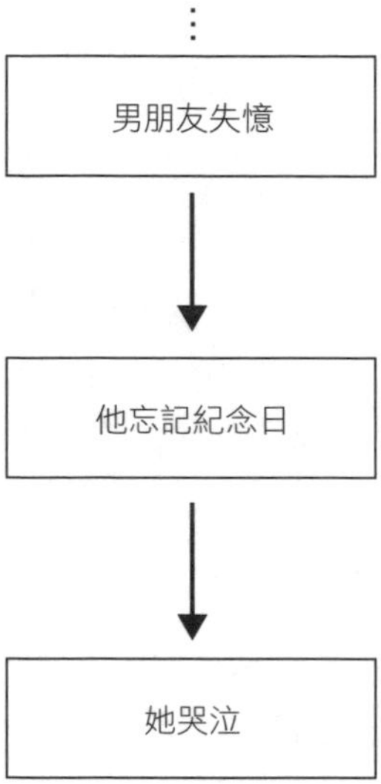

②「原因」是否只對應到一種結果

接著我們來看看「生意談得很順利是因為出門時先跨出右腳」是否成立呢？首先，出門時先跨出右腳或左腳，確實不受其他情況制約，是一項自變數沒錯。……這麼說來，因為「先跨出右腳」所以「生意談得很順利」，這兩者之間的因果關係符合邏輯囉？雖然我想答案各位已經心知肚明了，但我們還是一步一步來檢視吧。畢竟就算類似的情況多不勝數（其實對於「多不勝數」這件事，也有必要加以驗證），還是會出現反例，不可能每次用右腳跨出家門，生意就一定談得成。反之，有時候即使用左腳跨出家門，也照樣談成了生意；當然也有用左腳跨出家門，生意卻談不攏的情況。畫成圖的話就會是這樣：

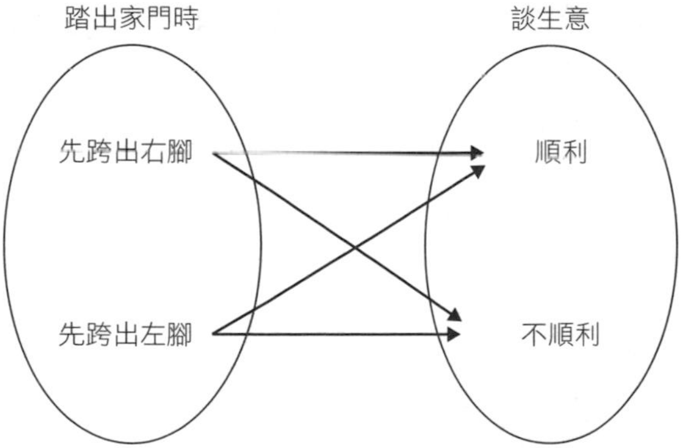

這種情況就是剛才的類型（iv）沒錯吧？是的，因為這是一種牛頭不對馬嘴的因果關

係，所以我們恐怕必須另尋生意談得很順利的真正原因。

總而言之，**函數就是一個把原因變換成結果的盒子**。如果能夠透視「盒子」的內容物，我們就能夠在自由選擇行動的情況下，準確預測到未來即將發生的結果。人生在世，沒有什麼比這更令人安心的了。

……話雖如此，世界上並不是所有事情都能找到函數式的因果關係，也有很多變換過程不明的「黑盒子」。此外，這個世界變化無常，過去符合真正函數式因果關係的情況，在現代社會不見得說得通。所以全世界的科學家才會日以繼夜地投注心血，針對各種情況探究真正的因果關係。

例如在心理學當中，我們把研究者可以對受試者自由設定的實驗條件稱為「自變數」，透過實驗測定出來的結果稱為「應變數」。從命名方式可知，研究者企圖透過實驗推導出函數式的因果關係，但心理學實驗向來面臨著一項困境，就是在設定自變數時，難以定奪適當的實驗條件（原因），或是某些要素非屬自變數，卻對受試者有重大影響，皆可能導致實驗無法獲得正確的應變數（結果）。

在現實社會中，也有一些「原因」不一定會導致特定的「結果」，但導致該「結果」

的可能性卻高達百分之八十。這種時候，認定兩者「存在某種程度的因果關係」，並不能說是一件完全缺乏邏輯的事。但即使在這樣的情況下，我們還是必須清楚地認知到，其中的因果關係並非絕對的函數關係。把那些有百分之二十機率會發生預料之外結果的情況，誤認為函數式的因果關係，是一件非常危險的事。

面向 4

抽象化

· 歸納出共通的性質

· 模型化

你還記得剛升上國中，第一次接觸國中數學的時候，最先學習的內容是什麼嗎？

國中一年級的數學課本，第一個單元是「正數和負數」。在那個還不習慣換成國中書包的時期，數學課本告訴我們：

「『增加負二公斤』的意思就是『減少兩公斤』。」

十九世紀的德國數學家克羅內克（Leopold Kronecker）曾說：「自然數是神造的，其他都是人為的產物。」所謂的自然數就是「一、二、三……」等正整數，而近期的研究已證實海豚、猿猴和鴿子等動物，也懂得使用這些數字計算數量。不過人類以外的動物，應該不太可能理解分數、小數或負數的概念吧。因為要使用自然數以外的數字，**必須懂得一些概念**，例如：

「三分之一是把一個東西分成三份後的其中一份。」

「〇・一是把一分成十份後的其中一份。」

「負二是在一條直線上，朝著與正數方向相反的方向前進兩單位的距離。」

只是雖然說理解分數或小數需要具備基本概念，但我們可以把蛋糕切成三等分或是把紙裁成十等分，再透過眼睛具體捕捉這些概念，所以相較之下還算容易理解。不過如果是負數的概念，恐怕就沒有這麼容易理解了。

隨著課程愈來愈深入，我們還會學到無理數和虛數等「數」。無理數是無法用分數表示的數。比如說π（圓周率）或$\sqrt{2}$就是無理數。如果用小數來表示無理數的話，像是$\pi=3.14159265359\cdots\cdots$等，由於小數點以下的位數無窮盡，因此無法確知正確的值。另外，虛數指的是平方為負的數，是一種不存在世界上的數。如欲理解這樣的數，我們必須具備更深一層的概念。無論是哪一個，我們在一開始學國中數學時，都是透過「負數」開始練習理解抽象概念的。

那麼接續在「負數」後的課程又是什麼呢？沒錯，就是「文字式」，也就是學習如何使用a或x等文字來取代數字。如果學習「負數」是為了訓練我們用概念來理解世界的話，那學習文字式的目的又是什麼呢？就是學會**如何把對象抽象化**。

接下來這一節，我想帶領各位探究的主題就是「抽象化」。

抽象化＝推敲出本質

按照字典上的定義，「抽象」的意思是：

「分析事物或表象，進而掌握特定要素、面向或性質。」（《大辭泉》）

歸根究柢，數學是一門培養

「透視事物本質」

「推敲出眼睛看不見的規則或性質」

等精神和邏輯思考力的學問。即使把**推敲出本質的抽象化**說成是數學最大的目標，也絕非言過其實。

歸納出共通的性質

舉例而言，假設這裡有一串數字「二、四、六、八、十、十二……」，請問這些數字共通的性質是什麼呢？是的，由於這一連串的數字都是偶數，所以這些數字的性質就是「可以用二乘以整數來表示的數字」。當然，我們可以像這樣用語言來說明其本質，但如果用文字來表達同一件事情的話，就可以採用非常簡單明瞭的「2 n（n 為整數）」來呈現。

由於這個例子比較單純，所以各位可能不太能感受到使用文字的好處，但假如換成下一頁的例子的話呢？

如果光看數字，實在很難看出這些數字擁有的性質吧？不過，假如用文字來表達這些數字的共通性質的話就一目瞭然了。**可以簡單明瞭地呈現出具體事物的共通本質**，就是把文字應用在數學式當中的精妙之處。

1, 3, 6, 10, 15, 21, 28, 36⋯

抽象化

$$\frac{n(n+1)}{2}$$

（n 為自然數）

1, 4, 27, 256, 3125, 46656⋯

抽象化

$$n^n$$

（n 為自然數）

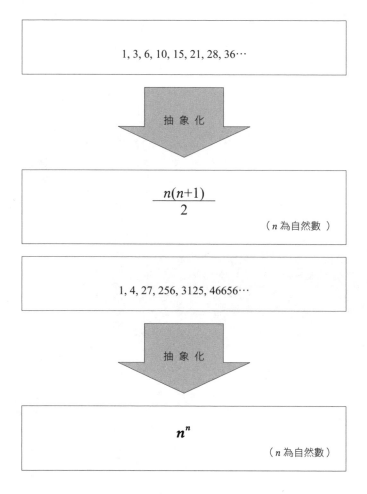

$a1$	$a2$	$a3$	$a4$	$a5$	$a6$	$a7$	$a8$	…
1	1	2	3	5	8	13	21	…

抽象化

$$an+an+1=an+2$$

（n 為自然數）

x	0	1	9	25	49	81	100	…
y	0	10	30	50	70	90	100	…

抽象化

$$y=10\sqrt{x}$$

順帶一提，質數（除了1和本身以外，沒有其他因數的自然數）是無法再分割的「數的本質」，也是數學當中非常重要的數，但由於其呈現方式非常不規則，也找不出共通的性質，因此至今仍然無法抽象化。換言之，人類在現階段還無法以文字表達質數。

關於質數的呈現方式，十九世紀的德國數學家波恩哈德・黎曼（Georg Friedrich Bernhard Riemann）曾經提出「黎曼猜想」，但直到二〇一三年六月的現在，都還沒有人能夠證明該理論是否正確，美國的克雷數學研究所甚至為了「黎曼猜想」的證明，提供一百萬美元的懸賞金（是「千禧年大獎難題」之一）。

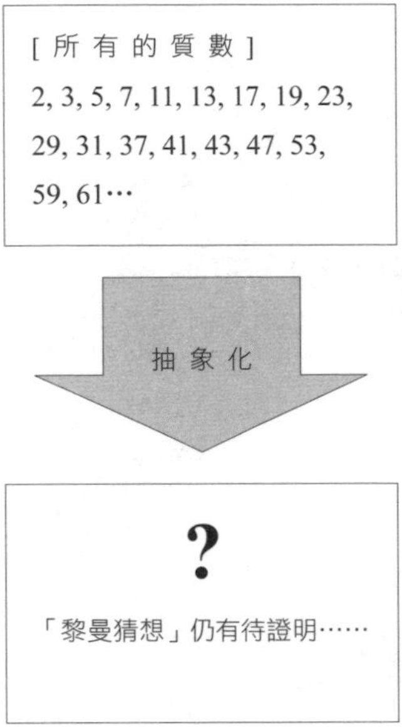

生活中隨處可見的抽象化

當然，抽象化並不是數學的專利，平常在我們的身邊也隨處可見。我在前面說明「整理」是數學思考術之一的時候，曾經提到整理的目的是為了增加資訊，事實上**整理時進行分類的動作，就是一種抽象化的過程**。例如我們可以把馬、鴿子、海豚和烏鴉這四種動物分類如下：

哺乳類：馬、海豚
鳥類：鴿子、烏鴉

不過馬和海豚長得完全不一樣，而且海豚看起來反而更像生活在海裡的魚類。鴿子和烏鴉的顏色也截然不同。但是撇開這些相異點，馬和海豚都「以哺乳方式養育幼體，且一輩子都用肺部呼吸」，鴿子和烏鴉「全身被羽毛覆蓋，且翅膀相當發達」，找出這些共通點後，分別將四種動物分成「哺乳類」和「鳥類」，這就是標準的抽象化。

再深入分析的話，其實把馬取名為「馬」這件事情本身，也是一種抽象化的行為。嚴格說來，每一匹馬都有其獨特的個性，只要不是複製馬，每一匹馬應該都不可能找到另外一匹一模一樣的馬才對。但我們卻無視於每一匹馬的個性，把所有具備共通特質、性質的馬，一律統稱為「馬」。這就是所謂的抽象化。說得極端一點，除了專有名詞以外，**任何為事物命名的行為基本上都是抽象化。**

日本的中小學和高中，分別自二〇〇二及二〇〇三年度開始，實施學習指導要領（即「寬鬆教育」），而無論是把該方針培養出來的世代稱為「寬鬆世代」，亦或是把對學校、補習班抱怨連連的父母稱為「怪獸家長」等，都是無視於每個人的個性，只看重全體共通性質的抽象化行為。任何人都無法否認的是，藉由命名把對象抽象化，確實能帶來一種快感，尤其誠如各位所知，現在的大眾傳播媒體或網路ＢＢＳ，每天都在創造新的「名字」。

只是我們千萬不能忘記，透過命名完成的抽象化行為，其實是一把雙面刃。就像數學家花了上百年研究如何把質數抽象化一樣，從個別的具體實例當中找出共通的性質，本來就是一件非常困難的事。然而在不少情況下，我認為任意分類並命名的行為，反而會讓我們無法看見事物的本質。所以還請各位多加注意，不要被這種似是而非的抽象化給蒙蔽了雙眼。

抽象化的練習

在此重申一遍，能夠正確完成抽象化的能力，就是一種看穿本質的能力。我想不用說也知道，這種能力在我們的人生中扮演著相當重要的角色。那麼究竟該怎麼做，才能提升抽象化的能力呢？若按照前文所述，由於數學是最適合用來鍛鍊抽象化能力的學問，所以難道我們只能乖乖地重新開始學習數學嗎？雖然身為一名數學老師，我很想對各位說一聲：「一起加油吧！」（笑），不過其實各位**在日常生活中就可以鍛鍊抽象化能力**了。只要練習從你每天接觸的五花八門的事物當中，找出共通的性質或要素即可。舉例來說，假如你每天上班都搭乘公車和電車的話，你就可以思考：「把公車和電車抽象化的話……就是『不特定多數人利用的交通工具。』」假如你最近這三天的午餐是漢堡、蕎麥麵和牛丼的話，你就可以這樣歸納：「把這三天的午餐抽象化的話……就是『日幣五〇〇圓以下，而且可以在十分鐘內吃完的東西。』」

雜誌《日經TRENDY》每年都有一個慣例企畫，叫做「年度三十大人氣商品」。二〇一二年的排行如下：

第一名　東京晴空塔
第二名　LINE
第三名　廉價航空國內線
第四名　小圓正麵
第五名　fitcut curve剪刀
第六名　JINS PC眼鏡
第七名　觸摸偵探　菇菇栽培研究室
第八名　麒麟特保可樂
第九名　街頭聯誼
第十名　黑啤酒

……等（以下省略）。看起來好像沒有什麼脈絡可言，但《日經TRENDY》對此排行榜下的結論是「二〇一二年的人氣關鍵是『積極』和『革新』。」我想可能有人對此有不同見解，不過這兩個關鍵字看起來確實是全體的共通點。這也是一種稍具難度的抽象化。

只要不斷累積練習的經驗，從複數事物當中找出共通點，久而久之就能鍛鍊出分析的能力。請各位務必利用通勤等空閒時間多加練習。

模型化

除了找出複數事物的共通性質外，還有一種重要的抽象化方式，就是「**模型化**」。所謂的模型化，即**把複雜的現實簡化成單純的模型**。舉例而言，著名的《壅塞學》作者兼東京大學教授西成活裕曾在著書《超有趣實用工作數學》中，用左方的數學公式來表示「人生的運氣」。

另外，我也曾就我平常對考生合格力的觀察，歸納出一個數學公式。

西成教授的「運氣」公式

$$\frac{du}{dt}=ku-au^2+\sin t$$

u：運氣
t：時間
k, a：比例係數

永野的「合格力」公式

$$G(s, c, w, A)=kscw^2+A$$

G：合格力
s：孤獨感
c：危機感
w：正確的讀書方式
A：學生本身的能力
k：比例係數

西成教授的「運氣」公式是一個微分方程式，u 代表的是運氣。左邊的「du/dt」是微分，不過這裡不需要想得太複雜，只要知道它代表的是「運氣會隨時間產生怎樣的變化」即可。

不過「微分方程式究竟代表什麼意思？」或「什麼是三角函數？」這些問題都不是我們要探討的重點（有興趣的人請務必參閱西成教授的著作）。我想強調的重點是，其實就連人生都可以簡化成一個「公式」。

第一個「ku」代表的是正面因素，意指「運氣愈好，愈容易形成良性循環」（k 是比例係數）。確實，一個人的運氣愈好，愈容易像滾雪球般愈滾愈好運。只是在樹大招風的日本，成功人士也特別容易遭到眼紅的人扯後腿，所以第二個「au^2」（a 也是比例係數）代表的就是此類負面因素（≒成名稅？）。另外，人生的運氣好比上下波動的景氣循環，光靠一己之力絕對無法抵擋時代趨勢，因此最後的$\sin t$代表的正是此意（$\sin t$ 即三角函數，代表「波動」之意）。

另外，我歸納的「合格力」公式是一個函數。考生能否考上第一志願，取決於學生本身是否擁有「沒有人能幫助自己」的孤獨感（s）、「再這樣下去就糟糕了」的危機感

（c）、正確的讀書方式（w）等要素以及各項要素的程度。除此之外，雖然這項要素可能沒有各位想得那麼重要，但學生本身的能力亦非毫無關聯。左邊的 G（s,c,w,A）代表 G（合格力）是由 s、c、w 和 A 所決定的「函數」。又，在孤獨感、危機感和正確的讀書方式中，儘管讀書方式的影響力最大，但三項要素缺一不可。因此右邊的「$kscw^2$」只有 w 為二次方，也就是 s 乘上 c 再乘上 w^2。至於學生本身的能力將全面提升合格力，所以我選擇以加號呈現 A 要素。

看到這裡，或許有很多人會認為「不可能這麼簡單就以偏概全」。這個想法一點也沒錯，我們不可能光靠一個數學式就計算出人生的運氣。西成教授想必也心知肚明。而且就我個人來說，任何一個生而為人的學生都無法用單一的標準評價，這一點我向來感觸良多。但是我們確實能夠從這些數學公式中發現一些端倪。**一旦我們根據某項假設把對象簡化，勢必會刪去許多影響因素**，於是此時就是我們發揮實力，思考何者該保留、何者該刪去的時候了。以下介紹的就是一種非常優秀的模型化實例——「圖論」。

圖論

這裡的「圖」指的並不是二次函數的圖或是折線圖的圖。圖論當中的圖，指的是像左下方這種「由點和兩點之間的連線」所構成的圖。根據此定義，路線圖就是最典型的「圖」。

圖論據說是著名的天才數學家尤拉（Leonhard Euler），為瞭解決「柯尼斯堡七橋問題」而提出的理論。

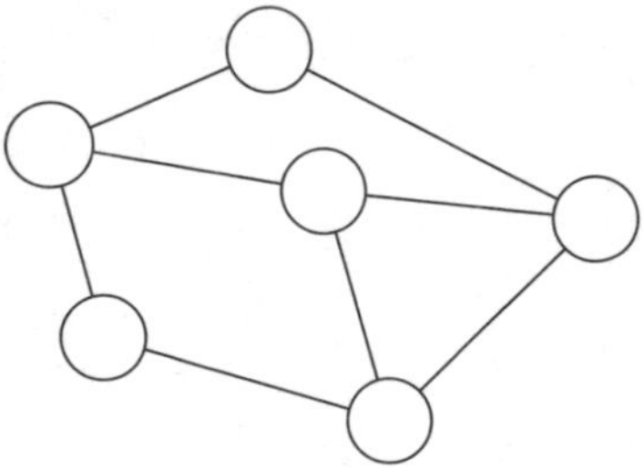

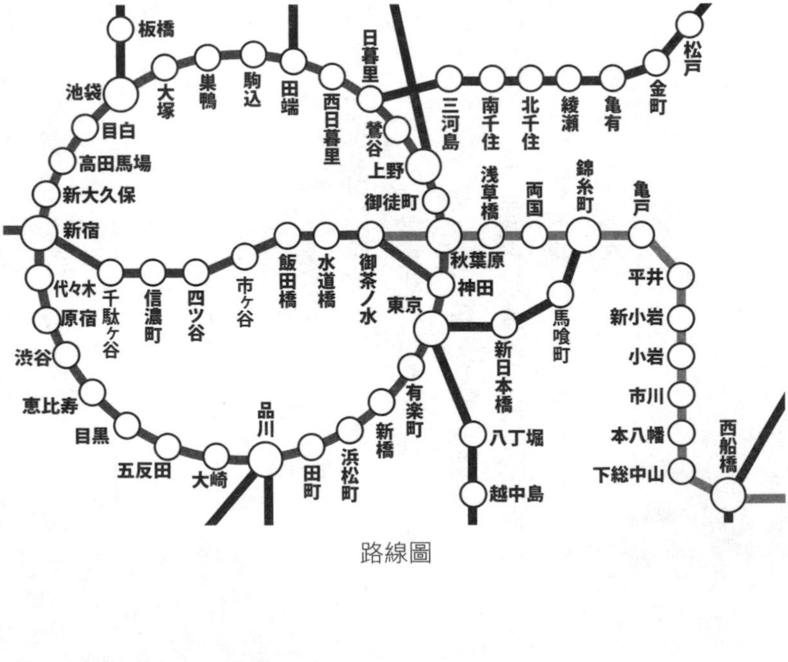

路線圖

柯尼斯堡七橋問題

從前，普魯士王國的首都柯尼斯堡（今俄羅斯聯邦加里寧格勒），有一條名為普列戈利亞河的大河流經，市區的中心如下圖所示，位於河中央的小島上。

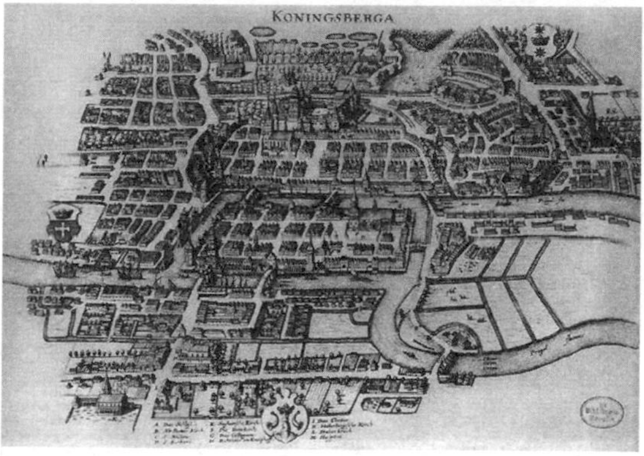

流經柯尼斯堡的河川與橋

當時，這條普列戈利亞河上總共建造了七座橋，而不知從何時開始，人們熱烈地討論起一個話題：

「假設可以從任何一點出發，請問在七座橋都各走一遍的前提下，有辦法回到出發的地點嗎？」

在解決這個難題時，尤拉把市區、橋和河川的關係，代換成以下的圖形。

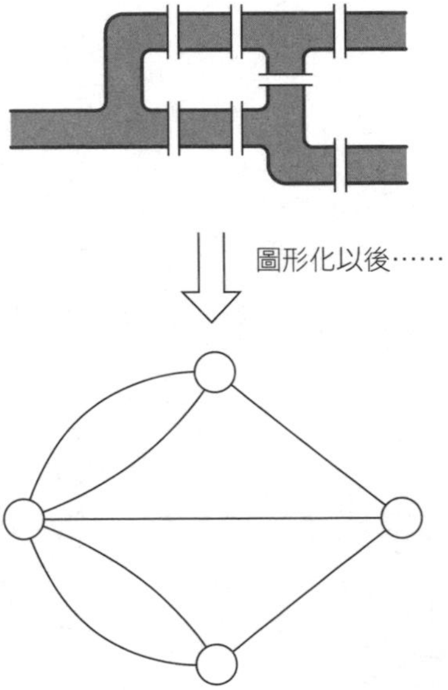

然後他設法證明此圖無法一筆完成，並因此做出「無法在七座橋都各走一遍的前提下回到出發點」的結論。他究竟是怎麼想出答案的呢？

首先，他把焦點放在每一個○連結的線條數。當連結○的線條數為奇數時，稱該○為**奇點**；連結○的線條數為偶數時，則稱該○為**偶點**。

若以奇點為例，各位可以思考一下，在有三條連結線的情況下，究竟會發生什麼事呢？在一筆完成圖形的過程中，一旦經過此奇點，一入一出就會用掉兩條線，所以下一次再進入此○時，不會剩下任何線可以讓人離開。換言之，第二次進去以後，就必須停留在原地，因此該奇點便成為終點。當然，無論線有五條還是七條，一出一入都會用掉兩條線，所以只要○為奇點，不管通過○幾次，最後還是只會剩下一條線，使該奇點成為終點。

至於在偶點的部分，由於進去的路和出去的路剛好組合成一對，因此一律可以順利通行。

（1）奇點的情況

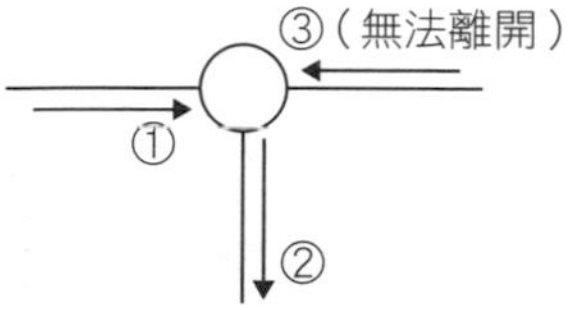

（2）偶點的情況

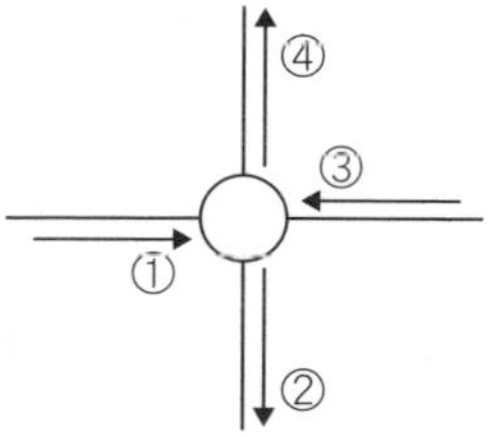

就這樣，尤拉發現「可以一筆回到原位的圖，○必須全部是偶點才行」，又柯尼斯堡七橋問題的圖全部都是奇點，所以證明此圖無法一筆完成（此頁圖形圓圈裡的數字，代表與該○連結的線條數）。

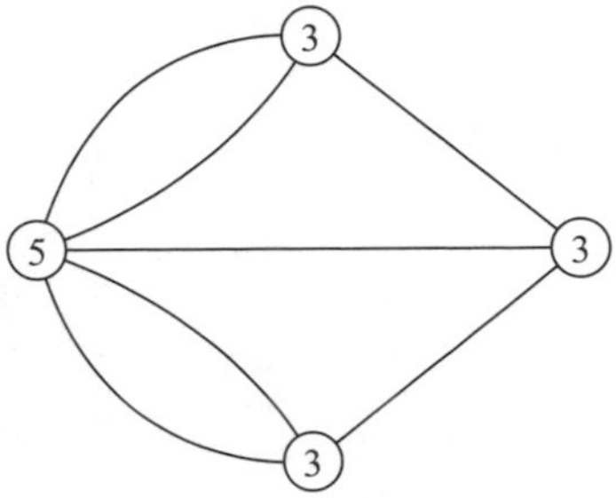

皆為奇點

怎麼樣呢？尤拉完全無視於土地的形狀、面積、橋的方向或長度等條件，只留下點和兩點之間的連線，但他成功地把本質模型化了對吧？這正是「能夠把複雜現實單純化」的模型化的精髓。

圖論的應用

圖論還可以應用在此類型的問題上。

（問題）

鈴木、高橋、田中、渡邊、伊藤和山本是某公司的員工，這六個人必須在同一天出席多場會議。會議總共有六種類型，下表中標記○的部分是每一名員工必須出席的會議。假設所有會議的時間都一樣長（90 分鐘），請問如果想要儘早結束所有會議的話，應該如何安排會議的時程呢？

	①業務會議	②部門會議	③企畫會議	④A 專案會議	⑤B 專案會議	⑥C 專案會議
鈴木	○	○				
高橋			○	○		
田中		○	○	○		
渡邊	○				○	○
伊藤		○	○			○
山本		○			○	○

這個問題乍看之下跟圖論毫無關聯，但若回歸到此問題的本質，我們應該思考的是「哪些會議不能在同一時段進行？」而根據此問題的本質，我們可以藉由圖論完成模型化的動作。

圖（i）的①到⑥是六場會議的代號。接下來，我們將利用這張圖，把無法在同一時段進行的會議，用線條連接起來。由於鈴木必須參與①（業務會議）和②（部門會議），因此①和②不能在同一時段進行。

於是我們把①和②用線連接起來（ii）。

接下來，由於高橋必須出席③（企劃會議）和④（A專案會議），因此③和④之間也用線連接起來（iii）。

然後繼續重複相同的動作，把田中、渡邊、伊藤和山本等人各自須出席的會議，用線連接起來以後，就會得到如（iv）般的圖。

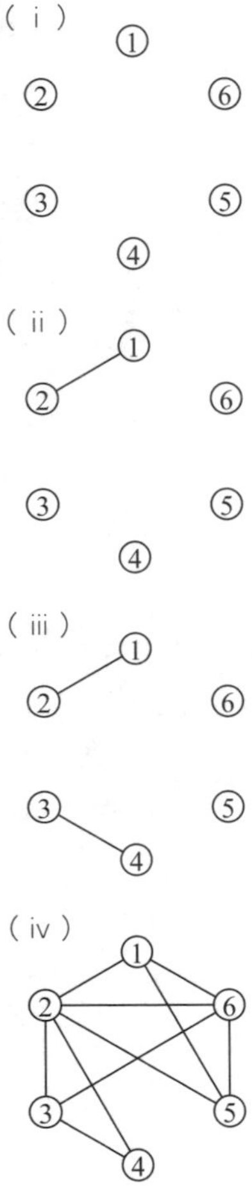

在圖（iv）當中，**所有用線條連接起來的會議，一律無法在同一時段進行**。現在我們可以實際來安排一下會議時程了。

首先，我們先在①的旁邊畫一顆☆記號（v）。做完①的記號以後，**接下來的訣竅就是從線條數較多（受限較多）的號碼開始檢視**。在②到⑥當中，因為②的線條數最多，所以我們先看②。由於②和①相連在一起，因此我們在②的旁邊做一個◎記號，以跟①的☆記號做區別（vi）。接下來線條數較多的是⑥。由於⑥跟①、②皆相連，因此我們在⑥的旁邊做一個跟①的☆和②的◎不同的▲記號（vii）。

（v）

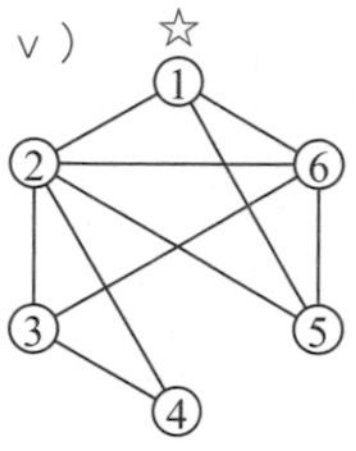

（vi）

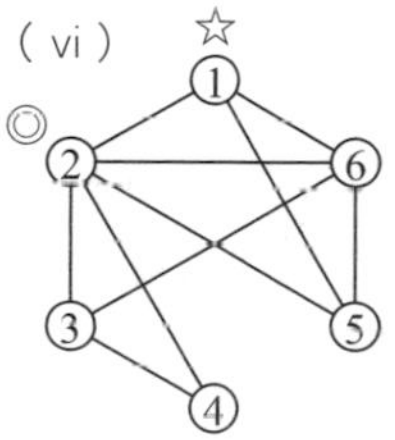

（vii）

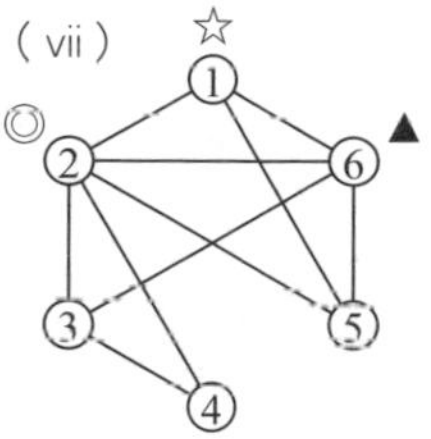

剩餘的③、④、⑤當中，由於③和⑤的線條數相同，所以何者先何者後都無所謂，這裡我們先從③開始看吧。

③雖然和②、⑥連接在一起，但和①之間並不相連，因此我們可以在③的旁邊做一個跟①一樣的☆記號（viii）。

由於⑤和☆、◎、▲皆相連，因此我們在⑤的旁邊做一個■的記號吧（ix）。

最後的④因為只跟◎和☆相連，所以可以使用跟⑥一樣的▲記號（x）。

（viii）

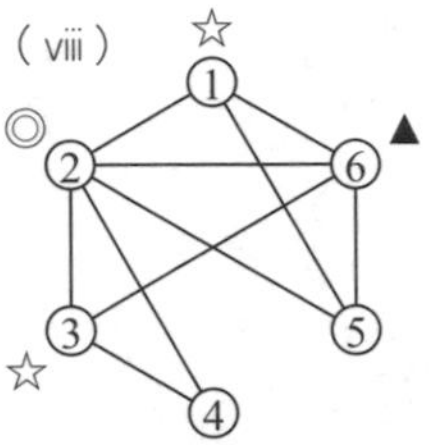

（ix）

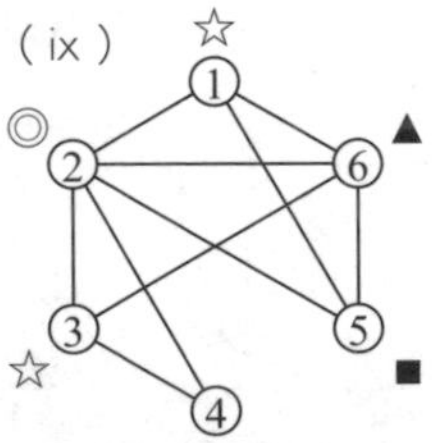

（x）

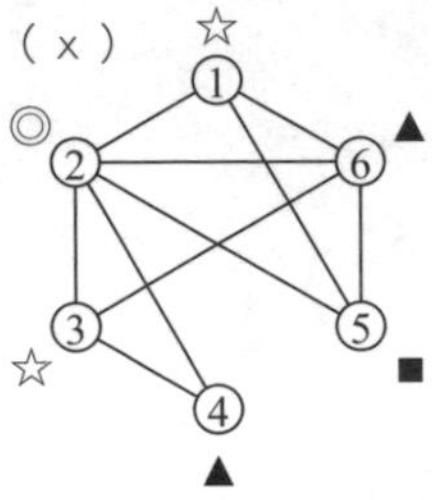

在完成的圖形當中，由於記號相同的會議，兩兩之間並不相連，因此可以安排在同一時段。根據以上的結果，我們只要按照以下的時程安排會議，就可以用最有效率的方式，讓所有人都出席必要的會議。

10:30～12:00（☆）①業務會議&③企畫會議
12:00～13:00　午休
13:00～14:30（▲）④A專案會議&⑥C專案會議
14:30～16:00（◎）②部門會議
16:00～17:30（■）⑤B專案會議

沒想到圖論還可以用來解決會議時程安排的問題吧。此例清楚顯現了模型化針對本質處理的好處。這種方法也可以應用在其他的任務管理等問題上（此部分參考了NHK出版、秋山仁著的《鍛鍊你的數學雷達（生活應用篇）》）。

跟「歸納出共通性質」的抽象化比起來，模型化是更深入的抽象化方法，因此一般而言，實行起來並不容易。話雖如此，在面對複雜的問題時，只要試著排除那些無關緊要的資訊，就可以釐清頭緒、解決問題，所以還請各位務必挑戰看看。

面向 5

具體化

・成為說明高手
・分別使用「演繹」和「歸納」

數學課本裡的定理或公式，是人類的智慧結晶，當中潛藏著無比偉大的真理或概念。只是我們看到這些智慧結晶時，一律是已經被抽象化後的樣子了。所謂的定理或公式，就是各種事例的共通法則或解決問題的分析方法，但經過抽象化後雖然有了廣泛通用性，有時反而讓我們難以透過想像理解其中的概念。舉例來說，數學課本上有一句話是：

「『速度（時速）』是每小時前進的距離。」

然後下一句話是：

「可由『距離÷時間=速度』求得。」

然而，幾乎沒有任何一個小學生能夠光憑這兩句話，就恍然大悟地說：「喔～原來如此。」所以我們這些當老師的人，才會提出類似這樣的問題：

「假設太郎花了兩個小時走完六公里。請問他一小時走了幾公里呢？」

通常只要這麼一問，大部份的小朋友都會回答：

「三公里。」

接下來，老師就必須帶領學生們思考「三公里」這個答案是怎麼來的。如此一來，他們就會意識到，要求出「太郎小朋友每小時前進的距離」，亦即「太郎小朋友的速度（時速）」，只要計算「六公里÷兩小時」即可。接下來老師如果繼續提問：

「那麼假設花子小姐花了三小時走完十二公里，請問花子小姐的速度是多少呢？」

學生們就會回答：

「十二公里÷三小時是……（時速）四公里！」

只要能夠引導學生到這種程度，就不難讓他們理解抽象化後的公式「距離÷時間＝速度」是什麼意思。

身為一名數學老師，我經常苦苦思索「如何才能把數學講解得簡單易懂」。其實關鍵就在於**能否結合聽者已知的知識或經驗，盡可能擴大聽者的想像**。在本節的前半部分，我想向各位介紹的是「如何透過具體化，讓自己成為一個**善於說明**的人」。

提出具體實例

相信不用我說各位也知道，方才有關速度的說明，重點就在於**提出具體的實例**。只要先透過一些例子擴大想像的範圍，再進行整體的抽象化，聽者就能夠輕鬆掌握抽象化的概念。以下兩段話就是運用具體實例進行說明的絕佳範例，分別出自代表昭和時代的日本的經營者：松下幸之助和本田宗一郎。

「鹽巴的鹹、砂糖的甜，都無法經由學問理解。但只要淺嚐一口，即可瞭解箇中滋味。（松下幸之助）」

「所謂的學校教育，應該是在充分告知高中生騎乘機車時必須遵守的規矩或危險性，而不是以教育之名沒收他們的機車。（本田宗一郎）」

松下先生和本田先生分別以貼切的具體實例，說明紙上談兵的無謂、實踐的重要性，以及與其隱蔽危險不如加以指導才是真正的教育。另外，在相對論中，指出時間的流動非絕對而是相對的愛因斯坦，在被問及「何謂相對性」時，曾經做出以下的回答：

「和美女共度一小時，只會覺得過了一分鐘。但在炙熱的火爐上坐一分鐘，卻像過了一個小時這麼久。這就是相對性。」

當然，這是愛因斯坦在面對大眾媒體時，故意參雜了個人幽默感的說法，但他所舉的具體實例，確實讓人更容易理解何謂「觀者置身環境不同，同樣的事物就會給人不同觀感」的「相對性」。

當我們試圖對人說明抽象的概念時，**千萬不能忘記運用具體實例，幫助對方更容易捕捉其中的概念**。次頁開始，重現了我上課時說明「等差數列」的過程。已經理解等差數列概念的人，也請試著用初學者的心態閱讀以下的內容。

1

認識「等差數列」的第一堂課

目標：讓學生瞭解當 a_n 為等差數列時，

$$a_n=a_1+(n-1)d$$

的概念（a_1 為首項，d 為公差）。

《教學重現》

我：「聽好囉。現在這裡有一串從 a1 到 a5 的數列。這五個數字的間隔全部相等，我們假設間隔為 d（邊說邊完成下圖）。」

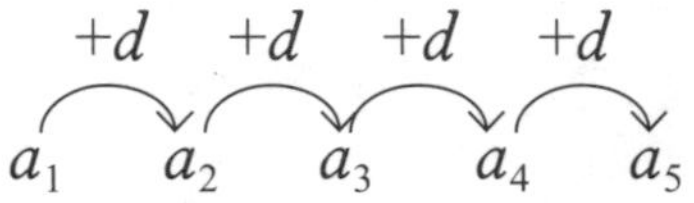

我：「如果想求 a_5 的值，請問要用 a_1 加幾個 d 呢？」

學生：「（一臉理所當然的樣子）四個。」

我：「沒錯。跟我們在計算種樹問題的方式一樣（邊說邊攤開手掌）。如果是五隻手指的話，中間當然就有四個指間。寫成算式的話，就會是這樣。」

$$a_5=a_1+4d$$

我：「那如果想求 a_{10} 的值，請問應該用 a_1 加幾個 d 呢？」

學生：「嗯⋯⋯九個吧？」

⬅ 接下來請看②

2

我：「沒錯！寫成式子就像這樣。」

$$a_{10}=a_1+9d$$

我：「那我們一次跳到大一點的數字……如果要求 a_{100} 的話，d 會是……？」
學生：「（直接打斷我的話）九十九個！」
我：「看來你們已經聽懂了嘛。就是這樣。」

$$a_{100}=a_1+99d$$

我：「那再請問，如果要求 a_n 的值，應該用 a_1 加多少個 d 呢？」
學生：「嗯……應該比 n 少 1，所以是……n-1 嗎？」
我：「就是這樣！也就是說……寫成算式就是這樣囉？」

$$a_n=a_1+(n-1)d$$

學生：「（放下心來的表情）對！」
我：「學得很快嘛。這種數列因為差距都相等，所以稱**『等差數列』**，a_n 是**『一般項』**，a_1 是**『首項』**，d 是**『公差』**。」

「譬喻」是具體實例的進化型

身為一名數學老師，影響我最深的人是長岡亮介教授。長岡教授目前是明治大學理工學部數學科的客座教授，而在我還是高中生的時候，他就已經是廣播講座和駿台補習班的人氣講師了。我那經常被形容為獨樹一格的教學方式，就是源自高中時期時常令我豁然開悟的長岡教授的課。他讓我重新認知並深刻體會到數學並非一門死記的學問，而是一門必須自己動手，並且用自己的頭腦思考的學問。

長岡教授在他最近出版的《有趣的東大數學入學考題：數學的經典鑑賞》前言中提到，以下這段話是他在補習班擔任講師時，經常對學生說的。

> 既然決定要學習，就不可以「像吃飼料的馬一樣埋著頭拼命解題」。應該心滿意足地享用一流廚師或充滿愛心的母親精心製作的美味料理，並從容不迫地沉浸在那些能夠讓身心成長、具有深度且值得用心思考的精采問題所帶來的樂趣當中。如此一來，年輕人的智力便會出現令人不可置信的驚人成長，蛻變為一名能夠理解精英分子應有的自豪、責任與哀愁之人。

我有印象自己確實聽過這段話。當時也聽得我滿腔熱血。

當今的學生習慣被要求在短時間內完成解題，因此愈來愈少花時間仔細思考。當碰到新的問題或是切入角度陌生的問題時，真的有很多學生的反應是「我不會」而不是「我想不通」！如今已成為一名教育者的我，也對這個現象感到如坐針氈……話題有點扯遠了，總之我想在此強調的是長岡教授**精妙的譬喻**。他把數學問題比喻為料理，完美地表現出反覆練習似曾相識的問題是多麼沒有意義，以及用心思考一個好問題又是多麼重要。譬喻也是具體實例的一種，好的譬喻能夠在人心中留下深刻印象，比單純的具體實例更能讓人產生豐富的聯想。就這層意義來說，譬喻其實是具體實例的進化型。

從名言當中學習如何創造貼切的譬喻

前文的松下幸之助、本田宗一郎和愛因斯坦說的話，都是所謂的「名言」。而很多像這樣人們口耳相傳的名言，都比具體實例更進一步，結合了能夠一語點醒夢中人的譬喻。

我隨便想想都能舉出好幾個例子，比如說：

「水就算是一滴一滴地往下掉，總有一天也會把水瓶裝滿。」（釋迦牟尼）

「你們要進窄門。因為引到滅亡，那門是寬的，路是大的，進去的人也多。」
（《馬太福音》）

「唯有和著眼淚吞下麵包的人，才能體會出人生的真正滋味。」（歌德）

「人只是一棵蘆葦，是世間最脆弱的東西，卻是一棵有思想的蘆葦。」
（帕斯卡）

「傳統是延續薪火，而不是崇拜灰燼。」（古斯塔夫・馬勒）

「與其成為一輪藉日光照映的明月，不如成為一盞自放光芒的燈火。」
（森鷗外）

「人生好比一盒火柴。小心翼翼地應對太無聊，但不小心翼翼的話又太危險。」
（芥川龍之介）

類似的例子不勝枚舉，但以上每一句都是能夠讓人拍案叫絕的精采譬喻。

尤其是在說明一些難以理解的概念時，我建議各位可以從具體實例再往前一步，想想看是不是可以用其他方式譬喻。如果能夠在說明時運用貼切的譬喻，相信對方也會聽得頻頻點頭吧。接下來，我們就以釋迦摩尼的名言「水就算一滴一滴往下掉，總有一天也會把水瓶裝滿」為例，想想看可以用什麼方法創造出好的譬喻吧。

首先，我們先來看看以下這些實例。

- **小時候每天練習單槓，慢慢就學會引體後翻了。**
- **每天存十圓，十年以後順利帶家人去了夏威夷旅行。**
- **曾經活躍於巨人、洋基等球隊的松井秀喜選手，每次賽後都會單獨和長嶋教練（當時）反覆練習揮棒，最後成為平成年間最具代表性的打擊手。**

列出幾項具體實例後，下一步就是挑出其中的共通點並加以抽象化。這一系列給人的感覺比較偏向「即使是微不足道的小事，堅持下去就會得到偌大的成果」。或者套用一句俗諺就是「堅持就是力量」。不過這兩種說法都太普通，無法給人深刻的印象。因此我們必須找找看有沒有更好一點的譬喻，訣竅就是**從其他同樣經過抽象化的具體實例開始尋找**。前面的具體實例都跟人類的行動有關，因此尋找的範圍請限縮在「人類行動以外」的部分。如此一來，才能給人較深刻的印象。換言之，簡化後的流程就是：

較近的具體例子↓抽象化後的概念↓較遠的具體例子（譬喻）

只要遵循這個步驟，我想應該不難像釋迦牟尼一樣，在譬喻時聯想到水滴一滴一滴落進水瓶裡的樣子。或者聯想到鐘乳洞成形後的狀態，再以鐘乳洞做譬喻也是一個不錯的方式。無論如何，只要以人類行動以外的事物做譬喻，聽者應該就會覺得：

「原來持續做一件小事，累積出偌大的成果，並不僅限於人類的行動啊。也就是說，這或許就是自然界的規律吧。好！我今天也要努力堅持下去！」

近來的社群網站上充斥著各種名言佳句，導致人們逐漸產生反感，但我個人其實很喜歡「名言」，因為其中濃縮了能夠讓人成為說明高手的精華。

尋找貼切譬喻的方法

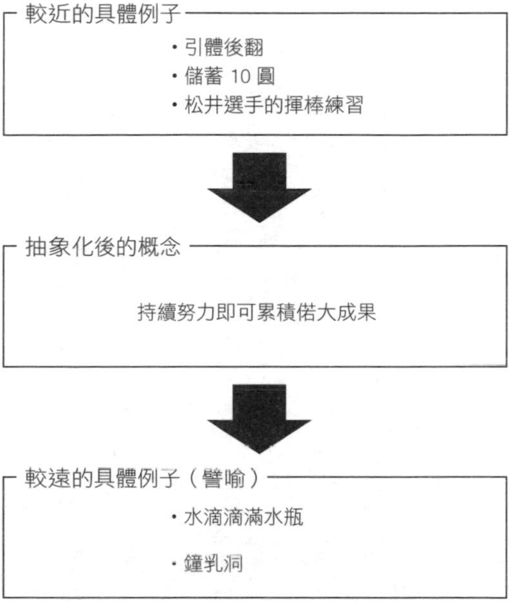

往返於具體與抽象之間

世界上有兩種人，一種是善於說明的人，一種是不善於說明的人。在我看來，不善於說明的人大部分都可被歸類為以下兩種類型。

- 只說具體的事物。
- 只說抽象的事物。

舉例而言，假設現在要向一個完全不曉得何謂指揮家的人，說明什麼是指揮家。此時，只說具體事物的人會這樣說明：

「指揮就是莫札特跟貝多芬也做過的事，因為以前作曲家兼指揮是很普遍的事。據說第一個非作曲家出身的職業指揮家是一個叫做漢斯・馮・彪羅（Hans von Bülow）的人喔。不曉得你有沒有聽過卡拉揚（Herbert von Karajan）或是伯恩斯坦（Leonard Bernstein）呢？他們都是二十世紀後期相當活躍的著名指揮家喔。話說回來，卡拉揚來日本指揮柏林愛樂的時候，那場貝多芬實在太了不起了。其他指揮家根本沒得比。日本的小澤征爾很有名對吧？他是卡拉揚的學生喔。還有《交響情人夢》的千秋真一也是指揮家。像那樣的指揮家一定很受女生歡迎吧。」

雖然這樣的說明相當具體，卻無法讓人理解指揮家實際都在做些什麼。但如果用抽象化的方式說明，就會變成：

「基本上就是藉由手和手臂的動作帶領他人合奏音樂的人。」

這樣的說明也很難讓人產生聯想，所以同樣無法讓對方對指揮家有正確的理解。比較適當的說明其實應該像這樣才對：

「在日本比較有名的指揮家是小澤征爾和佐渡裕等人。基本上，只要是站在管弦樂團、銅管樂團或合唱團前，負責帶領眾人合奏的人，就稱為指揮家。在指揮家的工作當中，如何統領正式演出前的練習也是很重要的環節，甚至有人認為這個部分比演出更重要。業餘樂團為了讓合奏跟上節拍，必須有一個指揮家來扮演類似節拍器的角色，不過就一個專業的樂團來說，指揮家的功能不只是讓大家跟上節拍，更重要的是帶領樂團成員在音樂之路上前進，也就是負責給予大家靈感。以著名的貝多芬《命運交響曲》開頭為例，大家都聽過『登登登登』吧？要演奏出那樣的音樂，拍子究竟要抓多快？哪個音的力道要最強？最後的音要拉多長？要彈出什麼樣的音色？……這些微妙的差異都可能有不同的詮釋方式。指揮家最重要的工作，就是一一決定這些作曲家在樂譜上沒寫出來的細節。而且指揮家是不能自己發聲的。就這個角度來說，他們就像是馬術競技的騎手一樣。在競技中跳過柵欄或障礙物的是馬而不是騎手，所以騎手必須在抵達障礙物前時，讓馬願意配合地跳過去。另外一點很重要的就是，指揮家必須創造出一個適合演奏的環境，讓樂團在演奏時不會因為外在事物打擾而分心。」

相信各位都看得出來，以上的說明往返於具體與抽象之間，結合了具體例子、抽象化和譬喻等內容。**像這樣在說明中穿插具體和抽象的內容，聽者也比較容易快速捕捉到其中的概念。**

我在本書中介紹的「七個數學式思考的面向」包括：

①整理
②順序概念
③轉換
④抽象化
⑤具體化
⑥逆向思考
⑦培養數學的美感

這是我在解過這麼多數學題，並累積了經年累月的教學經驗後，把解決問題的方法抽象化後的精華。我在撰寫本書時，刻意使用了數學以外的事例進行說明。簡單說來，就是運用數學的具體實例，把解決問題的概念抽象化，再以數學以外的事例做譬喻。所以我在本書中使用的說明技巧，就是標準的「往返於具體和抽象之間」。

截至目前為止的內容，都是有關提升說明能力的方法，後半部分我想解說的是**如何以邏輯性的方式進行推論**。當中又可分為「演繹法」和「歸納法」兩種思考術。

演繹法和歸納法

演繹法和歸納法都是透過邏輯性的方式，**由已知情況正確推導出未知情況的推論方法**，不過兩種方法的推導方向卻完全相反。首先，**演繹法**是：

「從適用於全體的理論（假說）推導至個別的情況。」

當我們看到美麗的櫻花綻放時，推論說：

「櫻花會凋落，所以這株櫻花總有一天也會凋落。」

這種就是演繹法的思考方式。另一方面，**歸納法**則是：

「從個別的情況推導出適用於全體的理論。」

以櫻花的例子來說就是：

「去年、前年、大前年的櫻花都凋落了，所以櫻花一定每年都會凋落。」

這種推論就是歸納法的思考方式。

怎麼樣呢？雖然各位平常可能沒意識到演繹法或歸納法之類的概念，但我認為兩者都是我們在日常生活中經常使用到的思考方式。不如我再多舉一個例子好了。各位在學生時期的時候，學校一定都有一個考題出得特別難的老師吧？現在假設A老師就是這類型的老師之一。

「啊～明天有A老師的考試，一定又是很難的題目吧。」

這種就是演繹式的推論。這裡的「A老師的考試總是很難」，就是把A老師所有考試共通的特性抽象化後的結果。相對的，「明天的考試會很難」就是所謂的具體實例。這類型的**演繹法，指的就是把抽象化後的情況，套用在具體實例上**。

另一方面，假如A老師是去年剛來的新老師的話，

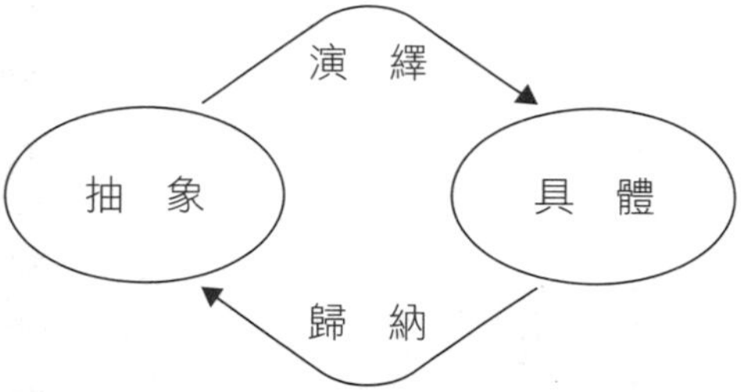

「A老師第一學期、第二學期和第三學期的考試都好難喔。他真是個愛出難題考學生的老師啊（記得把這件事也告訴學弟妹）。」

這種就是歸納式的思考方式。這裡的「A老師第一學期、第二學期和第三學期的考試都很難」，分別都是具體實例沒錯吧？相對的，「A老師的考試很難」，則是把A老師的考試共通性質抽象化後的結論。換句話說，**所謂的歸納法，就是從多組具體實例當中找出共通的性質，再加以抽象化**。將上述內容彙總後，即可簡化為上面的圖形。

演繹法和歸納法的缺點

雖然演繹法和歸納法都是廣泛被運用的推論方法（但大部分都是在不自覺的情況下），不過我們還是應該曉得**兩者都有各自的缺點**。首先是演繹法的部分，當原始的理論（假說）有誤，或是只能套用在受限的範圍內時，就有可能造成「把理論（假說）套用在不適用的情況上」的危險結果。

舉例來說，「精神障礙者容易成為社會事件的加害者」，其實是一個錯誤的理論（假說）。事實上，根據日本警察廳的統計，二〇〇〇年的交通事故以外的刑事被檢舉人約有三十一萬人，其中精神障礙者（警方判斷；含疑似精神障礙者在內）有二〇七一人，占全體的百分之〇・六七，比例遠低於精神障礙者在十五歲以上的人口中所占之百分比（百分之一・八四）。此外，與殺人或殺人未遂有關的精神障礙者為一三二人，比例為百分之〇・〇〇六（資料來源：「由紀・緣網」〈對精神障礙者的偏見和媒體的角色〉）。當人們無視於此事實，僅憑對精神障礙者的偏見或先入為主的觀念建立一套理論（假說），並以演繹式的思考方式認定：「前陣子的隨機殺人事件，犯人肯定是精神障礙者」時，這就屬於一種錯誤的推論。

另一方面，歸納法的缺點則是：在無法驗證所有事例或提出同等的邏輯證明的前提下，最後得到的抽象結論不見得是無法動搖的真理。在我們以歸納式推理得出抽象的概念後，千萬不能忘記其中含有機率的要素，我們頂多只能判斷「這樣發展的可能性很高」而已。

不久之前（二〇一三年六月），「成形中的行星與目前的理論不一致」的話題，在全世界掀起一股熱潮。現今的行星形成理論是透過太陽系或其他星系的觀測而歸納出的結論，不過哈伯太空望遠鏡觀測到的恆星（長蛇座ＴＷ星）所呈現的行星形成徵兆，若從位於中心的ＴＷ星質量或年齡來考量，卻與過往的理論不符。若此觀測結果無誤，人類可能必須重新改寫行星形成理論。只是當過去歸納出來的理論，碰到與理論不符的具體實例時，重新改寫是自然科學史上經常發生的事，人類也才得以更接近真理。

雖然演繹法和歸納法都是相當基本且重要的推論方法，但若未確實理解兩者的缺點，將有可能引導出錯誤的結論，因此必須特別注意。

假設現在有一組一元二次方程式 $x^2+5x+3=0$。由於

$$ax^2+bx+c=0 \text{ 時，} x=\frac{-b\pm\sqrt{b^2-4ac}}{2a}$$

因此套入這個「一元二次方程式的公式解」後，

$$x=\frac{-5\pm\sqrt{5^2-4\times1\times3}}{2\times1}=\frac{-5\pm\sqrt{13}}{2}$$

此解法是將一般的公式套入個別案例中，因此屬於**演繹法**。

另一種情況下，假設我們從最初的一元二次方程式開始求解：

$$x^2+5x+3=0 \quad \Leftrightarrow \quad \left(x+\frac{5}{2}\right)^2-\frac{25}{4}+3=0$$

$$\Leftrightarrow \quad \left(x+\frac{5}{2}\right)^2=\frac{13}{4}$$

$$\Leftrightarrow \quad x+\frac{5}{2}=\pm\sqrt{\frac{13}{4}}$$

$$\Leftrightarrow \quad x=\frac{-5\pm\sqrt{13}}{2}$$

接著導出

$$ax^2+bx+c=0 \text{ 時，} x=\frac{-b\pm\sqrt{b^2-4ac}}{2a}$$

接著導出此時，由於公式解是從個別的案例導出一般的公式，因此屬於**歸納法**。

什麼情況適用演繹法和歸納法？

現在你已經瞭解何謂演繹和歸納了吧？那麼這兩種推論方法各自適用於什麼情況呢？我們來看看以下的例子吧。假設有一家文具製造商，計畫開發一項新產品。開發的過程應該包含以下各階段：

（一）調查→（二）企畫→（三）設計→（四）試做→（五）推銷

（一）調查：

調查時下最熱門的商品、對目標客群發放問卷等。具體決定要調查什麼樣的商品、針對什麼樣的項目進行問卷統計，這些都屬於**演繹法**。接下來，得到具體的資料後，利用統計等方式，將熱門商品的共通設計、性能、價格等資料抽象化，這時候就需要運用到**歸納式**的手法。

（二）企畫：

在此階段要根據（一）的結果構思新商品。由於前景看好的商品資料，已經在（一）中經過抽象化，所以接下來就可以開始思考新商品的具體細節。此處的流程是從抽象到具體，因此屬於**演繹式**手法。

（三）設計：

結合現有技術和新技術，研究出製作新商品最佳的方法。將已完成理論化（確立）的新舊技術，開始具體運用在新商品的製作上。即**演繹式**手法。

（四）試做：

完成試做品後，透過使用實驗、顧客試用調查等，找出設計上的問題和可改善的地方。實驗方法和調查項目的選定，和（一）一樣以**演繹法**進行，得到具體的資料後，再以**歸納法**進行統整。

（五）推銷：

解決了試做時發現的問題，並正式完成商品後，即可開始規畫如何推銷商品。為了把演繹和歸納的思考方式運用到推銷上，此處將採稍微廣義的解釋，思考新商品的幾項特徵如何抽象化為「結論」，以作為推銷時的「賣點」。

當此產品有能讓人留下深刻印象的「賣點」時，**演繹式**的提案或許是比較好的方式。例如：

「敝公司這一次推出的原子筆，墨水永遠都不會用完喔！」

像這樣先說出令人印象深刻的結論（賣點），應該就能勾起對方的好奇心：

「什麼～～！你說這句話是什麼意思？」

接下來你只要再具體地說明：「意思就是……」，對方應該就會興味盎然地聽你把話說完。反之，當「賣點」給人的印象不夠強烈時，即使一開始就告訴對方：

「敝公司這一次推出的原子筆，價格是日幣九十圓，比其他商品還少百分之十喔。」

「這樣啊。」

像這樣，對方可能也不會積極地聽你說明。在這樣的情況下，不妨先從具體的內容開始介紹起：

「前陣子A公司推出的原子筆是一百圓。B公司也推出新款的原子筆，寫起來比A公司的更順手，價格是一一〇圓。而敝公司這一回開發出了比B公司更好寫的原子筆。」

接著再告知對方：

「而且我們的價格只要九十圓。」

如此一來，對方原本的預期是：性能比B公司好的產品，價格應該比較貴，結果卻出乎意料地便宜，於是開始對你說的話產生興趣。先從具體實例開始說明，最後再帶出最想告知對方的結論（賣點），只要使用這種**歸納式**的手法，就能夠彌補賣點不夠吸引人的弱點。

怎麼樣呢？雖然最後的推銷部分並不屬於推論，因此嚴格來說，使用演繹或歸納等字眼並不適切，但把「結論（抽象）→具體」解釋為演繹、「具體→結論（抽象）」解釋為歸納，其實就只是擴大演繹和歸納等思考術的運用範圍而已。

即使只是發出一份問卷，題目的選定就是一種演繹法，而問卷資料的統整就是一種歸納式的思考。像這樣**交錯使用演繹與歸納，可幫助我們發揮極大的力量**。只要能夠意識到演繹與歸納的交錯運用，以往沒注意到的思考過程也會變得清晰明確，對於創意的發想或商品的行銷肯定有所幫助。還請各位務必一試。

面向 6

逆向思考

・邁向多元視角的第一步
・避開麻煩
・對偶和反證法

學會如何從不同的視角觀察事物，是我們學習數學的目的之一。不過這並非一朝一夕可達成。其實從小學開始，我們就學到了「逆向思考」這種最簡單、從新視角看事物的方法。

還記得國小的時候，曾經練習過下一頁這種「求灰色部分面積」的題目吧？

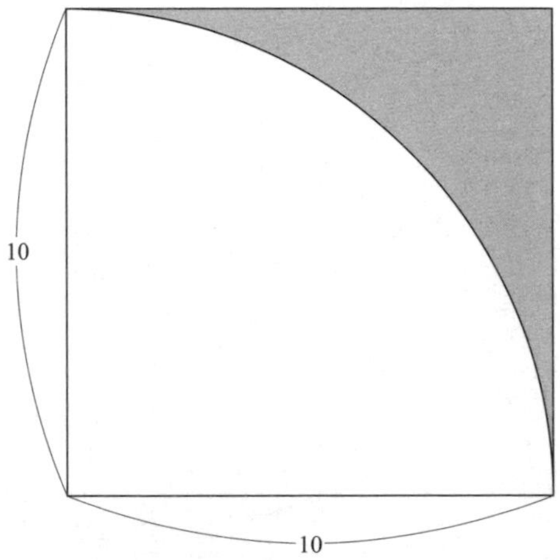

當時是怎麼計算的呢？是的，想起來了嗎？因為我們無法直接求得灰色部分的面積，所以是用整個正方形面積扣除扇形部分的面積，沒錯吧？

換句話說，

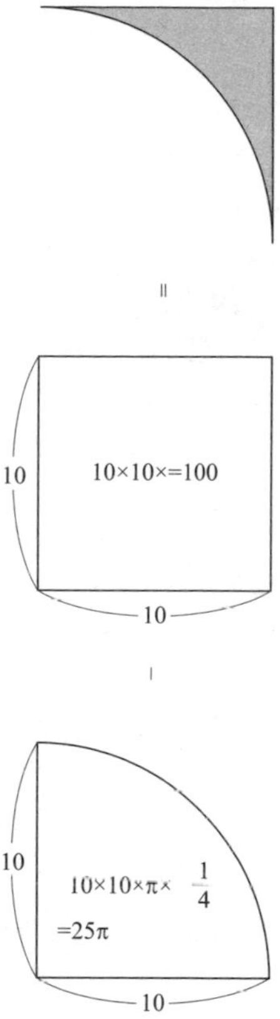

算出來的答案就是100−25π。

像這樣無法直接求解的時候，改**從全體扣除欲求解以外的部分**，就是標準的逆向思考。

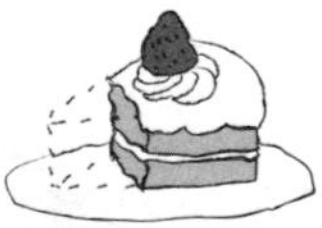

我認為在數學當中，最容易意識到「逆向思考」的，就是在求「可能有幾種情況？」或機率的單元求可能解的時候。

假設現在有一個題目是「投擲 4 枚硬幣，請問至少有 1 枚是正面的機率為多少？」

「至少有 1 枚是正面」的意思是

- 有 1 枚是正面
- 有 2 枚是正面
- 有 3 枚是正面
- 有 4 枚是正面

如果要逐一考量以上各種情況的機率，肯定會很麻煩，不過如果從反方向（差集）思考的話，只要考慮

- 全部為反面

的情況即可，因此相對較容易計算。

1 枚硬幣為反面的機率是 $\frac{1}{2}$，4 枚硬幣全部都是反面的機率就是：

$$\frac{1}{2}\times\frac{1}{2}\times\frac{1}{2}\times\frac{1}{2}=\frac{1}{16}$$

由於機率的總和為 1，因此所求之解即為

$$1-\frac{1}{16}=\mathbf{\frac{15}{16}}$$

所以當我們碰到「至少……」的問題時，如果直接求解很麻煩的話，逆向思考就可以在這種時候派上用場了。

各位聽過由美國心理學家艾里斯（Albert Ellis）所創立的「理情行為治療法」嗎？「理情行為治療法」又稱「ＡＢＣ理論」，是廣義的認知療法的先驅。由於ＡＢＣ理論建議人們可以利用逆向思考來控制情緒，因此我決定在此簡單介紹此理論的內容。

能平息怒火的「ABC理論」

一般來說，人們傾向於認為情緒和誘發情緒的事件之間，存在著直接的因果關係。因為搞砸工作而情緒低落時，我們自然而然會認為情緒的低落肇因於工作上的失敗。換言之，

A（Activating Event：誘發或導致壞情緒的事件）
↓
C（Consequence：結果）

了：

很多人會覺得「事件」就是造成壞情緒的原因。然而，ＡＢＣ理論在Ａ和Ｃ之間置入

B（Belief：信仰、信念）

也就是說，在情緒發生之前，人們會依序經歷

A↓B↓C

的過程。所以即使是同樣的事件，只要能夠改變B，就能夠創造出不同的C（結果）。

其中B又被分成以下兩種類型：

- **RB（Rational Belief：理性的思考方式）**
- **IB（Irrational Belief：非理性的思考方式）**

經由RB所導致的C（結果），將會是「健康」的否定情緒；相對的，經由IB所導致的C，則很容易成為「不健康」的否定情緒。

那麼怎麼樣的信念會被歸類為ＩＢ（非理性的思考方式）呢？艾里斯提出了以下三種非理性思考方式（ＩＢ）的類型：

（ⅰ）認為自己「一定要～才行。」
（例）我考試絕對要考高分才行。
（ⅱ）認為別人「一定要～才行。」
（例）他收到我的禮物以後，一定要很高興才行。
（ⅲ）認為這個世界、社會或人生「一定要～才行。」
（例）電車的運行一定要謹守時刻表才行。

在數學的世界裡，要證明

・絕對不可能
・不存在

確實比證明可能或存在還難上許多。困難的程度就像站在一片沙灘上，試圖證明「這片沙灘上沒有鑽石存在」一樣棘手。

我認為在現實世界當中，

・絕對～

・絕對不～

像這樣能夠完全否認另一種可能性的事物是極其稀少的。這也就是為何講究證據的理性之人，從不使用「絕對」這種字眼的原因。

不知變通的思想是一種ＩＢ，這種ＩＢ將會導致不健康的否定情緒（憤怒）。然而即使腦袋很清楚這件事，長年下來的思考習慣，也有可能讓人無法順利擺脫ＩＢ。碰到這種情況，ＡＢＣ理論就必須前進到下一個階段：

D（Dispute：反論、辯駁、反駁）

我的親朋好友常常對我說：

「你好像都不太會生氣耶～」

關於這一點，我個人其實沒有太多的自覺……。或許我只是在不知不覺中，運用我在數學當中學到的逆向思考，進行了所謂的「反論」吧。舉例來說，當我在深夜遇到路上塞車時，如果發現原因是施工所造成的路線管制的話，當下我可能會煩躁地心想：

「深夜的馬路應該要暢行無阻才對啊。」

但下一秒鐘我又會反問自己：

「但如果把工程挪到白天進行又會怎麼樣呢？」

這時我會想：

「如果把工程挪到交通流量人的白天進行，肯定會造成嚴重的堵塞，害我上班遲到。」

最後得到的結論就是：

「還好工程選在深夜進行。」

小時候，每次對父母說些任性的話，就會被他們說：「也要站在別人的立場想一想啊。」沒錯，站在相反的立場思考，不但能夠避免給別人添麻煩，也能夠為自己在窮途末路時找到突破點，這是我從數學當中得到的啟發。當逆向思考成為一種理所當然的習慣以後，由於我們不再執著於特定的觀點，因此思考方式也會變得更有彈性，進而懂得如何用第三、第四種視角觀察事物。是的，這將使我們距離「擁有多元視角」的數學目標更進一步。

逆、否、對偶命題

雖然說逆向思考很重要，但「若P則（⇓）Q」的「逆向」，似乎存在著多種可能的情況。我們先試著列舉看看吧！

①「若Q則（⇓）P」
②「非P則（⇓）非Q」
③「非Q則（⇓）非P」

好，接下來，請問哪個才是原命題「若P則（⇓）Q」的「**逆**」命題呢？

在此，我想借「世界全壘打王」王貞治的錦句一用。

「努力一定能得到回報。如果努力沒有得到回報，代表那還稱不上是努力。」

真是一句既嚴厲又帥氣的話。出自天資過人又比別人加倍努力的王先生口中，分量聽起來就是不一樣。我深知改編這種至理名言是多麼地失禮而不自量力，但為了讓命題更簡單易懂，我決定擅自把後半部分換句話說，也就是：

「如果努力沒有回報，就不算是真正的努力。」

根據此命題，我們可以衍生出以下三道命題：

①「如果不是真正的努力，就不會得到回報。」
②「如果努力得到了回報，就算是真正的努力。」
③「如果是真正的努力，就一定會得到回報。」

好了，請問以上何者最有「逆」的感覺呢？有些人可能會覺得把 ⇒（則）前後互相調換的①最有「逆」的感覺，有些人可能覺得各自從否定改成肯定的②比較有「逆」的感覺。至於③的話，可能有人會心想：「是非也逆，前後也逆？」雖然感覺因人而異，但這三種情況在數學上都有特定的名稱，即「①：**逆命題**；②：**否命題**；③：**對偶命題**」。

相信有很多人會覺得相當不解，「為什麼②不算是『逆』命題呢？」不過在這裡還請各位先忍耐一下（笑）。**數學是一門在用字遣詞上，定義相當嚴謹的學問。**要以數學邏輯討論一件事時，最先講究的就是定義。正如《約翰福音》開頭第一句話是「太初有話」，數學則是「太初有定義」……所以以下先為各位彙總有關命題的（數學）定義。

逆：⇒（則）的前後互相對調。
否：⇒（則）的前後不變，但分別改成否定。
對偶：⇒（則）的前後互相對調，且分別改成否定。

若以圖形來表示，就會像這樣：

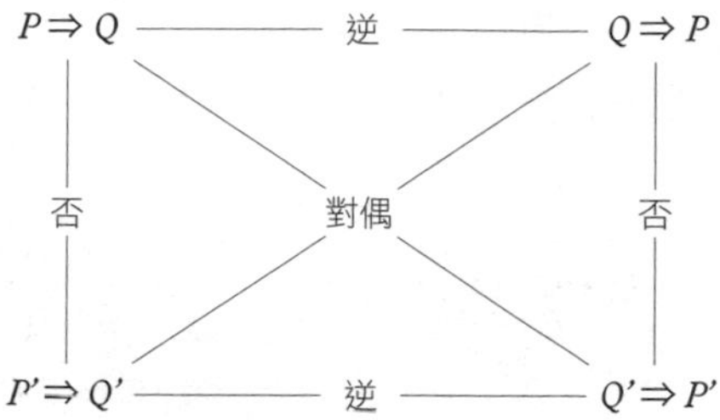

「（若）$P \Rightarrow$（則）Q」是原命題。「P'」和「Q'」念作「P prime」和「Q prime」，各自代表否定的意思。以剛才的例子來說，就是：

P：沒有回報的努力

P'：有回報的努力

Q：不是真正的努力

Q'：真正的努力

好了，那對我們來說，最重要的「逆向思考」究竟是何者呢？就「若P則Q」的命題來說，「若Q則P」是定義上的「逆」命題，但我們在判斷時，真正重要的其實是該命題是否與原命題互為充要（參閱一二七頁），此處我想與各位進一步討論的是「對偶」命題。

即使對「逆」命題和「否」命題都沒有疑問，但應該也有人連聽都沒聽過「對偶」命題吧。不過「對偶」其實是一種非常有用的「逆向觀點」，因為**原命題和對偶命題的真偽是完全一致的**。

以前面的例子來說，「如果努力沒有回報，就不算是真正的努力」和其對偶「如果是真正的努力，就一定會得到回報」，兩句話表達的其實是同一件事。若以語言的含蓄程度來看，前者或許險勝後者，但若單就是否容易理解的角度切入，感覺應該是後者比較容易理解吧？這就是對偶的有趣之處。我再多做一點解說好了。

在前面「遵循順序」的單元中，我提到「小⇓大」為真命題（參閱第一一七頁）。現在我們就根據此邏輯來思考一下吧。

首先，如果原命題「若P則（⇓）Q」（如果努力沒有回報，就不算是真正的努力）

為真，則 P（沒有回報的努力）為「小」，Q（不是真正的努力=虛假的努力）為「大」。

畫成圖形就像這樣：

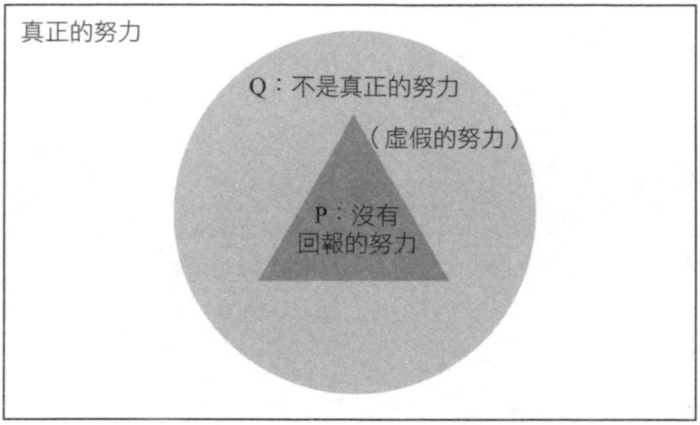

P（小）：沒有回報的努力
Q（大）：不是真正的努力（虛假的努力）

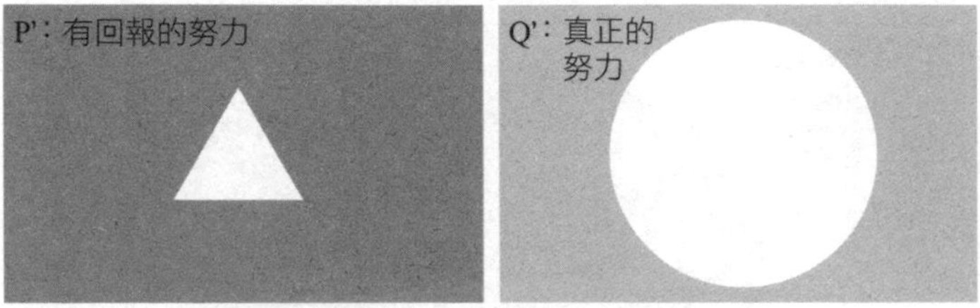

P'：有回報的努力（大）　　Q'：真正的努力（小）

接下來，我們來看看此命題的對偶「若Q'則（⇓）P'」（如果是真正的努力，就一定會得到回報）吧。當P比Q還小時，P'就會比Q'還大吧（意思等同於「神奈川縣的面積比整個關東地區小，但以全日本來說，神奈川縣以外的面積，比關東地區以外的面積還大。」）畫成圖形的話，就會如同上圖。

換句話說，**「P（小）$<$ Q（大）」與「Q'（小）$<$ P'（大）」等價。因此當「若 P 則（⇒）Q」為真時，「若 Q' 則（⇒）P'」肯定為真。**

綜上所述，當原命題的真偽難以判斷時，改以其對偶來思考問題，是一種非常有用的「逆向觀點」。

在數學當中，我們可以如此運用對偶的原理：

問題：請檢驗以下命題的真偽。

「若 $x^2 \leq 0$，則 $x \leq 0$」

解答：

嗯～，這題目看起來好像對又好像不對，感覺挺微妙的。這種時候就用對偶原理來解題吧。在列出對偶命題時，只要把「則」的前後互相調換，然後分別改成否定即可，因此：

「若 $x^2 \leq 0$，則 $x \leq 0$」（原命題）

「若 $x \leq 0$，則 $x^2 \leq 0$」（逆）

↓（分別改成否定）

「若 $x>0$，則 $x^2>0$」（對偶）

怎麼樣呢？相較於難以判定真偽的原命題，我想對偶命題應該明顯容易驗證許多吧？「若 $x>0$，則 $x^2>0$」的真偽，可以說是不證自明，明顯是一道真命題。因此原命題「若 $x^2 \leq 0$，則 $x \leq 0$」亦為真。

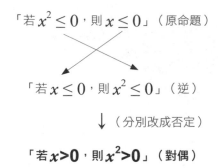

反證法

曾經有個朋友告訴我：

「我對數學真的很不拿手，可是畢業時數學老師說的一段話，我到現在都還記得一清二楚。」

接著他說了一段很難得的好話。他的老師在高中最後一堂課上對學生這麼說：

「聽好了，各位同學。請問你們知道，最難用數學證明的是什麼嗎？最難用數學證明的，就是證明一件事情不可能發生。一般來說，要證明一件事情有可能發生，比證明一件事情不可能發生要來得簡單許多。雖然今天是最後一堂數學課，但我希望你們都不要忘記，對各位來說，要證明未來你們立志要完成的事不可能發生，也同樣是一件非常困難的事。」

真是一名好老師對吧？我完全認同他說的話。

我在前文當中也提到，要證明「不可能」或「不存在」是一件非常困難的事。過去一次也沒成功過的事情，未來不見得永遠不會成功；以前從來沒發現過的東西，不代表將來一定找不到。而在數學的世界裡，最能夠有效證明「不可能」或「不存在」的方法就是「反證法」。順帶一提，耗費數百年才完成證明的著名費馬定理，是一套證明「3以上的

自然數 n，可以滿足 $x^n + y^n = z^n$ 的自然數（x, y, z）之組合並『不存在』」的定理，而成功證明此定理的安德魯・懷爾斯（Andrew Wiles），他所使用的方法基本上（當然也需要一定的運氣和程度）就是反證法。

所謂的反證法，就是先假設欲證明的某命題不成立，再導出矛盾結果的證明法。反證法的證明步驟如下：

反證法的證明步驟：
①假設欲證明的某命題不成立。
②導出矛盾結果。

雖然「反證法」聽起來好像很困難，但實際上絕對不會。在刑警電視劇當中，警察把有不在場證明的人從嫌疑犯名單中剔除，使用的其實就是反證法。

假設現在有一樁沒有目擊者的案件，警方從現場證據研判A有可能是嫌犯，於是把他押回偵訊。這名嫌犯A辯稱自己無罪，但由於現場沒有目擊者，所以他很難直接證明自己不是犯人。不過在事件發生當天的同一時刻，A正在距離現場很遠的地方跟朋友B喝酒，因此有明確的不在場證明。此時，A肯定會這樣對刑警說：

「聽好囉？假如我是犯人好了，事件發生當天的那個時間，我人正在距離現場開車也要一個小時才能趕到的地方跟朋友B喝酒。如果我真的是犯人，怎麼可能做到這種事呢？所以我是清白的！」

接下來，警方只要向B確認無誤後，A就會立刻獲得釋放。由於這實在太理所當然，所以我想很多人都沒意識到其中運用的就是反證法，不過若要嫌犯直接證明「我不是犯人」，難度實在太高，所以才會使用**「假如我是犯人，這件事就與我的不在場證明互相矛盾」**的邏輯，來證明自己的清白。這是很標準的反證法。

若再舉其他反證法為例，還有一則很有名的故事，就是「阿基米德與王冠」。那則故事是這麼說的——

阿基米德與王冠

古希臘時代，曾有某位國王命令手下的工匠：

「幫我打造一頂純金的王冠！」

並把製作王冠需要的金塊交給工匠。過了一段時間以後，工匠順利打造出一頂漂亮的王冠，國王看了非常高興。然而沒多久，街頭巷尾竟然開始謠傳：

「工匠為了把國王給他的部分金塊占為己有，在金塊裡面混入其他金屬。」

由於王冠做得實在太光彩奪人了，所以光用眼睛其實看不出裡面是否摻雜了其他物質。於是國王便召來當時最頂尖的學者阿基米德，並命令他：

「我想要你幫我調查這個王冠是不是純金的。」

「遵命。」阿基米德雖然老實地接受了國王的命令，但他對於究竟該怎麼調查根本毫無頭緒。直到有一天，當阿基米德正在浴缸裡泡澡時，他發現水的浮力會讓自己的身體變輕（阿基米德原理），於是他便想到可以用以下的方式解決國王的問題。

首先，準備一個水槽，和一個跟王冠一樣重的金塊。**假如王冠是純金打造的話**，王冠的體積會等於金塊的體積。由於物體承受的浮力與物體的體積成正比，因此王冠和金塊應該會承受相同的浮力。換言之，即使把兩者放入水槽中，重量應該也會一模一樣。然而，實際操作後，卻出現這樣的結果：

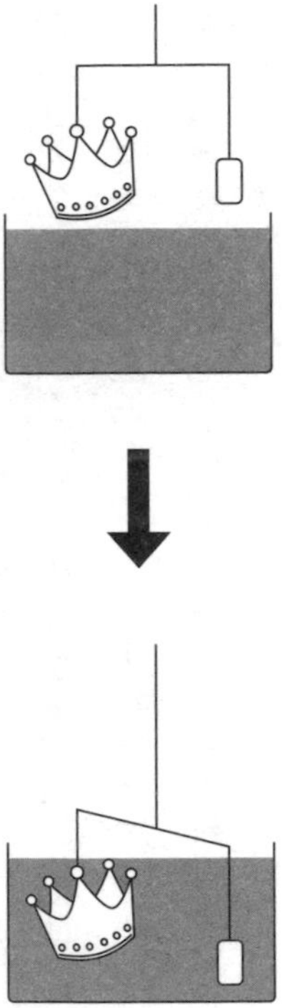

原本在水槽外等重的金塊和王冠，放進水槽以後卻出現差異，因為王冠承受的浮力比金塊還大。這一點與王冠是純金打造的前提（王冠與金塊的體積相同）**相互矛盾**。經由以上的過程，阿基米德利用反證法證明了王冠當中參雜著其他物質，並向國王提出報告。據說那位利慾薰心的工匠，最後遭到國王處以死刑。

反證法的陷阱

不曉得各位是否曾在電影或電視劇當中，看過類似下述的情節呢？

女性：「前陣子他跟我告白了。」
朋友：「那你對他有感覺嗎？」
女性：「嗯……是不討厭啦……」
朋友：「那妳跟他交往就好啦！」
女性：「哪有這麼簡單的事啊！」

這位朋友原本應該是假設這名女性討厭對方，所以當她聽到一個矛盾（不討厭）的答案時，自行做出了「女性喜歡他！」的結論，所以才會說出「那妳跟他交往就好啦！」這樣的話。朋友使用的是反證法沒錯，但人的感情並不能用二元論來定義「喜歡」或「討厭」。除了「喜歡」和「討厭」之外，還有「不喜歡也不討厭」，甚至有一種說法是「因為喜歡所以才會有討厭的情緒」。人的情感非常複雜。**如果想要對這種無法以二元論定義的事情使用反證法的話，所有原命題以外的選擇都必須經過「假定↓矛盾」來證明。**當我們假定某數為偶數，並推理出矛盾的結果，那麼根據反證法，我們可以得到該數為奇數的結論；但當我們想要證明某數可以被三整除時，若只假設該數除以三後餘數為一，接著導出矛盾的結果是不夠的。還需要另外假設該數除以三後餘數為二，並也導出矛盾的結果才行。

有一種概念叫做「二律背反」，意思是「互相矛盾的兩個命題同時成立」。比如說，有時候新聞會評論那些因整個社會價值觀扭曲而發生的事件的加害者，說：

「身為加害者的他，或許同時也是一名受害者……」

在這種情況下，「他是加害者也是受害者」的事實，前後互相矛盾，卻又同時成立。此外，前文提到的「因為喜歡所以才會有討厭的情緒」，這種說法在廣義上來說也是二律背反（雖然嚴格來說不能適用在會受情感影響的事情上）。

江戶幕府以殺生為前提將鷹狩（狩獵老鷹）制度化，卻又同時頒布《生類憐憫令》，也是一個二律背反的例子。**當二律背反成立時，反證法就毫無用武之地。**

假設「江戶幕府把『生命』視為最重要的東西」，則此命題就與當時制定鷹狩制度的行為相互矛盾。但如果我們因此斷言：「江戶幕府並不重視『生命』」，這下反而又跟《生類憐憫令》相互矛盾。

由於反證法是相當好用的論證方法，因此當用慣以後，很容易自然而然把它運用在任何地方，但各位千萬不要忘記其中還存在著這樣的陷阱。明明還有其他的可能性，卻以二元論加以論斷，並透過反證法朝錯誤的方向推理出似是而非的「邏輯」，類似的情況多不勝數。而要避免這樣的情形，本章節提及的逆向思考，也就是嘗試思考「別種可能性」的觀點非常重要。只要平時盡可能養成習慣，面對命題時思考是否還有別種可能性，就能夠看穿反證法的誤用陷阱。

另外，在二律背反成立的前提下使用反證法，本身就是一件相當荒謬的事。二律背反一詞廣為人知，是由德意志觀念論哲學始祖康德（Immanuel Kant）提出，意指兩種理論各自成立卻又互相矛盾的現象。使用時勢必需要相當深入思考。雖然二律背反的情況無法套用反證法，但也不能因此掉以輕心，將二律背反視為單純的矛盾現象。希望各位在培養逆向思考的能力之餘，也能塑造出辨識二律背反的能力。

面向 7

培養數學的美感

・講求合理性
・利用對稱性
・追求一致性

在教授數學之餘，我也是一名專業的指揮家。經常有人問我：

「要同時兼顧數學補習班和指揮家的事業，應該很不容易吧？」

其實對我來說，我從來不覺得這是全然不同的兩件事，因為指揮家閱讀總譜（將樂團各聲部的音集中記錄的樂譜）的過程，其實和解讀數學的邏輯非常相似。

我為了學習指揮而前往歐洲留學時，經常聽到人家說：

「不錯，他（她）的邏輯力很強。」

在日本，我總覺得人們傾向於吹捧那些很有天分或才氣的人，卻對那些強調理論的人敬而遠之。不過在歐洲地區（美國可能也是這樣），logical（邏輯的）卻會使一個人得到尊敬和讚賞。

古典樂就是在這樣的歐洲土壤上滋長茁壯。在解讀莫札特、貝多芬、威爾第（Giuseppe Fortunio Francesco Verdi）、普契尼（Puccini Giacomo）或馬勒（Gustav Mahler）等天才遺留給後世的無數名曲樂譜時，**其中的「邏輯」總讓我感動不已。**

然而音樂上的「邏輯」，指的究竟是什麼呢？答案當然就是「和聲」了。

指揮家的練習

有的時候，人們會問我：

「指揮家都是怎麼練習指揮的呢？」

說起來，樂手們練習樂器，確實比較容易在腦海中產生畫面，但指揮家練習指揮的方式，似乎不是那麼容易想像。

雖說這個世界上有形形色色的指揮家，不能一概而論，但至少我自己在練習的時候，幾乎不太練習「手臂的動作」。當然，在那些難以與獨奏配合、節奏或速度改變的地方，我會去思考「手臂應該如何動作」，但真正的練習（或者說是學習）其實有百分之九十以上都是在閱讀「總譜」。

那麼，所謂的閱讀總譜，究竟在讀些什麼呢？其實最主要就是**和聲（harmony）的進**

行。當然，一開始一定會先確認哪些段落會使用到哪些樂器，但花最多心思的部分還是在和聲的閱讀上，因為和聲的進行將會決定音樂呈現出來的感覺。

古典音樂的特徵

要用一句話說明古典樂和其他音樂的區別，是很困難的一件事，不過如果硬要說的話，我認為**速度「不固定」的是古典樂，速度固定的則是古典樂以外的音樂。**

古典樂以外的音樂大多會加入鼓等節奏樂器。由於該節奏樂器基本上會遵守一定的速度，所以整體音樂的速度自然也會固定不變，甚至有可能利用機械來演奏節奏樂器（即俗稱的「數位音樂」）。當然，古典樂以外的音樂也有可能在途中減慢或加快速度，但那只限於少部分的音樂，而且速度改變後又會立刻固定下來，按照一定的速度進行演奏。

相對於此，古典樂通常以「小節」或「拍」為單位，演奏的速度變化無常。如果刻意讓古典樂曲配合節拍器，完全按照固定的節拍演奏，那麼古典樂將變得無聊而不耐聽，失去曲子本身的魅力。

職業的管弦樂團即使沒有指揮家，也能夠合奏出大部分的樂曲，因此很少會為求整齊畫一而需要一名指揮存在。只是在「如何營造音樂」上，每個樂手都會有各自的想法和程度上的差異，因此如果在沒有指揮的情況下演奏，樂手們就必須互相揣測對方的心態，最後很容易各自使出了渾身解數，整場演奏卻平庸無味。

指揮家最重要的任務就是指示眾人如何完成一段音樂。當指揮家告訴眾人：「往這裡走」，明確地指示出音樂的行進方向，整個樂團才能夠放下心來盡情發揮。當然，思考如何呈現音色或其他無法用言語表達的音樂內涵也是指揮家的責任，但總地說來，指揮家最重要的任務其實是決定如何呈現千變萬化的速度。只是，儘管決定權在指揮家手中，但既然是古典樂的演奏，當然不可能隨性發揮。指揮家必須想像（研究）作曲家腦海中所描繪的速度變換方式，以及在該樂曲創作的年代和情境下，速度「應該」以什麼樣的方式進行變換，然後盡可能忠實地重現樂曲原貌，而其中最重要的關鍵就是**和聲的進行**。

和弦與和弦記號

接下來的內容或許有點專業，但為了讓各位理解後面的內容，我必須先介紹和弦以及和弦記號的概念。次頁的樂譜是C大調及C小調的和弦與和弦記號。

和弦與和弦記號

大調的和弦與和弦記號（C 大調）

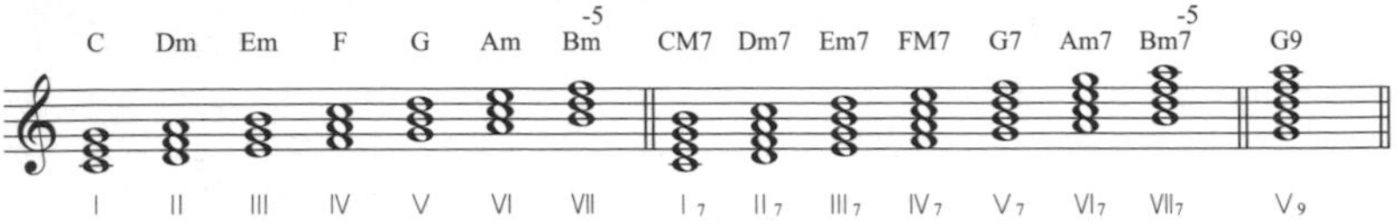

小調的和弦與和弦記號（C 小調）

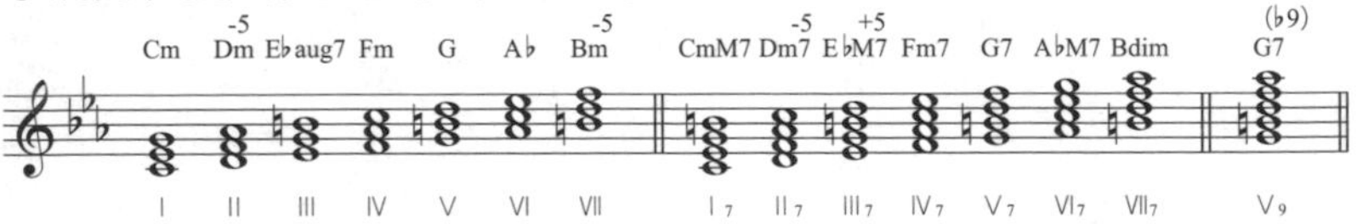

和聲進行的基礎（裝飾奏）

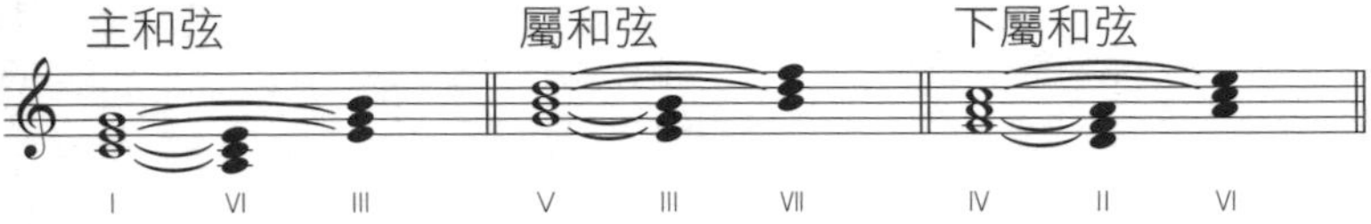

和弦可依各自的功能（角色）進行分類。其中最重要的三種和弦就是前頁列舉的主和弦（T）、屬和弦（D）和下屬和弦（S）。

（i）主和弦（T）

在該調中扮演主角的和弦。演奏此和弦會給人一種**「解放」**、**「解決」**或**「放鬆」**的感覺。這種感覺就好像回到**「自己的家」**一樣，所以一首樂曲的最後，通常都會以主和弦做結尾（回到自己的家）。除了Ⅰ（以C大調來說就是do、mi、so）之外，也可以借用Ⅵ或Ⅲ的和弦。

（ii）屬和弦（D）

與主和弦相反，此和弦會給人一種**「緊張」**的感覺。這種感覺就好像來到**「目的地」**一樣，特徵是會讓人特別想要前進到主和弦（回到自己的家）。除了Ⅴ（以C大調來說就是so、si、re）之外，Ⅲ或Ⅶ的和弦也具備屬和弦的功能。

（iii）下屬和弦（S）

雖然沒有屬和弦這麼強烈，但跟主和弦比起來，同樣給人「緊張」的感覺。這種和弦容易給人**「發展」**、**「外放」**的印象。可以前進到屬和弦（繼續遠行），也可以用主和弦收尾（回到自己的家）。除了Ⅳ（以C大調來說就是fa、la、do）之外，Ⅱ的和弦也具備下屬和弦的功能。

我在閱讀總譜時，會先著眼於一種叫做裝飾奏的和聲進行。所謂的裝飾奏，指的是以下三種和聲進行的任何一種：

- **T↓D↓T**
- **T↓S↓D↓T**
- **T↓S↓T**

各位最熟悉的和弦進行應該是T↓S↓D↓T吧，因為「起立～（T）↓立正～（S）↓敬禮～（D）↓坐下～（T）」，是最經典的一種和弦進行方式。

好了，接下來要進入重頭戲了。

一段音樂如果在進入D（敬禮）的和弦之前減緩速度，會給人一種極度不自然的感覺。因為「立正～」的時間一旦拖延過久，任誰都會想要快點進入「敬禮」的階段（會彈奏樂器的人，請務必親自一試！）

不過不可思議的是，等到進入D（敬禮）的和弦以後，即使段落稍微延長一點，也不會給人不自然的感覺。雖然有些人可能會出現腰痛等身體不適的症狀（笑），但在音樂的世界裡，即使D（敬禮）的長度是S（立正～）的兩倍，也幾乎不會讓人產生不協調感。然而，當D（敬禮）的長度比S（立正）還短的時候，反而會讓人有種奇妙的感受，好像有點浪費或是把老師當成笨蛋似的感覺。

不過，雖然說D（敬禮）的時間可以拉長，但在D（敬禮）的和弦進行期間，**心情上會持續處於緊張的狀態**，而這就是最精彩的部分了。接下來，接續在緊張之後的T（坐下）會讓人覺得鬆了一口氣，因為「呼，回到家了～」的安心感和喜悅感，能夠同時讓緊張的情緒獲得舒緩。

所以想要創作出令人心情愉快的音樂，必須在進入D的和弦之前做音樂的鋪陳，然後進入D的和弦之後，不慌不忙地在抵達T之前，盡量爭取時間，以這種方式完成（演奏）一段裝飾奏。說得極端一點，我想**所謂的音樂演奏，就是在裝飾奏中營造出從緊張到緩和的自然流動。**

以上的內容我已經盡可能地簡單化了。實際上，即便是古典派的樂曲，也有不少無法輕易找到D的情況，因為作曲家會以各種形式在樂曲中創作D。例如用V以外的和弦代替、省略增四度（以C大調來說就是fa到si之間的音程）、用轉調或節奏取代和弦進行D的創作……等，不拘泥於特定形式是很常見的事。

我認為指揮家學習的最大目的，就是從總譜中找出各式各樣的D，並營造出最符合作曲家創作初衷的裝飾奏。

假如你曾經在一首曲子中，聽到某一段覺得特別感動，我敢說其中一定有裝飾奏的存在。愈是有名的曲子，組織出裝飾奏的和聲進行愈高明。只要分析樂譜即可知道，這些經過極度精密計算的邏輯，是建立在薪火相傳的「傳統」和天才作曲家一手打造的「革新」之上。我們內心的感動絕非偶然，其中確實**存在著打動人心的理由**。

數學和音樂的共通點

當然，光靠邏輯並不能創造出打動人心的音樂。在講究邏輯之前，自然還需要有作曲家和演奏家用一顆熱誠的「心」，向眾人傳達想傳達的感覺。

在這一方面，音樂和數學其實有異曲同工之妙。**數學是自然界的「語言」**。每一個數學式當中，肯定都包含著某些「訊息」。無法用一顆感性的心傾聽其中訊息的數學家或物理學家，絕對不可能成為一流的研究者。

我認為**數學和音樂存在著兩項共通點，一是「兩者皆為美麗的邏輯」，二是「接觸這兩種學問的人都必須具備豐沛的感性」**。

事實上，在著名的數學家當中，有很多熱愛音樂的人。

廣中平祐是日本最具代表性的數學家之一，聽說他在高中的時候曾經夢想成為一名音樂家（廣中先生在與私交甚篤的小澤征爾對談時提到）。當時朋友們全都認為，擅長鋼琴又能夠作曲的他，應該會申請音樂大學，沒想到他卻在高中二年級時，突然發現數學的魅力，開始潛心投入數學的世界裡，最後步上數學而非音樂之路。

廣中先生曾說：

「數學和音樂一樣美。」

另外，愛因斯坦熱愛音樂一事同樣廣為人知。有一段相當有名的逸聞是，他曾經在接受採訪時，被問及這麼一個問題：

「對你來說，死亡是什麼？」

當時他的回答是：

「死亡就是再也無法聆聽莫札特。」

在我自己的身邊，也有很多學生時期的理組朋友喜歡音樂，更值得一書的是，有很多醫生都很擅長彈奏樂器。現在甚至還有一支成員皆由醫生（或未來的醫生）組成的業餘管弦樂團（全日本醫家管弦樂團）。

相反的，喜歡數學的音樂家似乎並不多見，但這是因為職業音樂家通常都從小開始學習音樂，因此在被訓練占去多數時間的前提下，他們應該很少有機會接觸到數學的本質。

事實上，在我周圍的職業音樂家中，（儘管本人可能沒有注意到）也有不少人在言行舉止之間，不經意流露出數學的資質。無論是他或她，這些人總是能夠在豐富的感性與細膩的理論間，達成絕佳的平衡，讓我們聽見最動人的演奏。其中就有兩位音樂家，各自在數學和醫學的領域登峰造極。

一位是指揮家辛諾波里（Giuseppe Sinopoli）。他是歷任愛樂管弦樂團音樂總監、德勒斯登國立管弦樂團首席指揮的名指揮家，在日本也有眾多樂迷。不過學生時期的他，不只曾在馬切魯諾音樂學院專攻作曲，同時還持有帕多瓦大學精神醫學的博士學位。

另外，同樣身為指揮家的安塞美（Ernest Ansermet），不但曾帶領瑞士羅曼德管弦樂團等留下無數著名的錄音作品，同時也曾在索邦大學數學系求學，後來更成為洛桑大學的數學系教授。

①

休息一下，來聽聽我的最愛專輯吧！

歌劇合唱精選
（辛諾波里指揮；柏林德意志歌劇院管弦樂團 & 合唱團）

辛諾波里以其對樂譜的敏銳洞察力和基於精神醫學的觀點，尤其在後期浪漫派的管弦樂曲或歌劇的演奏中，以其獨特的詮釋方式大放異彩。這張集合了歌劇合唱經典名曲的專輯，變幻自如地呈現出人類微妙的情感，當中有著許多能撼動聽者心靈的瞬間。

朱塞佩 · 辛諾波里（1946-2001）

⬅ 接下來請看②

2

柴可夫斯基：三大芭蕾舞選曲（安塞美指揮；瑞士羅曼德管弦樂團）

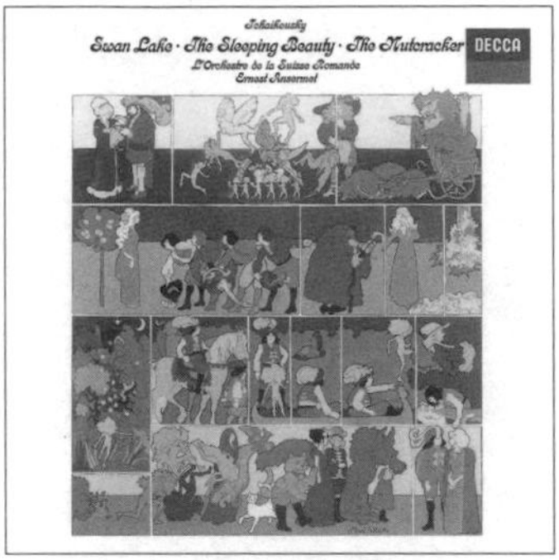

由安塞美率領子弟兵瑞士羅曼德管弦樂團所錄製的俄羅斯音樂和法國音樂，長期以來各自盤踞該名曲之「經典」寶座，即使在超過半世紀以後的今天依然屹立不搖。尤其柴可夫斯基的三大芭蕾舞曲，更是讓人稱「芭蕾之神」的安塞美發揮得淋漓盡致。以冷靜的分析為基調的演奏並不會過度浪漫，卻又能無時無刻讓人高興得熱血沸騰。

恩奈斯特 · 安塞美（1883-1969）

講求合理性

糟糕，一不小心就談了好多音樂的事，每次提到自己喜歡的東西，很容易就渾然忘我……。好了，閒話就到此為止。

我想本書的讀者應該不用我多說，也已經很清楚了，其實數學式思考就是邏輯式的思考。近來，人們會重新把目光聚焦在數學式思考，或許就是因為在這個價值觀愈來愈多樣化的現代社會，人們愈來愈重視「用自己的頭腦思考」的重要性了吧。數學式思考確實能夠有效解決各種問題，但光是基於「有效」這個理由，並不足以支持我們持續追求邏輯。我認為最重要的是要**培養一顆能夠體察「邏輯之美」的心**。如果只是被迫接受「維持邏輯思考」的觀念，那麼當我們面臨愈重要的關頭時，就愈容易流於情緒性而非邏輯性的思考模式。

其實不僅是音樂，舉凡文學、電影、繪畫或雕刻等，所有藝術背後的邏輯都與數學息息相關。人並不是會無端感動的動物。即便是看起來與邏輯八竿子打不著的搞笑藝人，能夠在舞台上脫穎而出，其話術自然也不在話下。他們靠著在對話過程中埋下的梗，與音樂的裝飾奏有異曲同工之妙的「緊張與緩和」，以及機關算盡後來的一記「回馬槍」，都能讓人感動得捧腹大笑。專業搞笑藝人的世界，可沒簡單到光靠煽動鼓譟就能使人發笑，這一點我想身為觀眾的我們也都心知肚明。

一顆能夠感受合理之美的心，將會認為不合理的事物毫無美感、破壞心情，而培養這樣的一顆心，就是數學思考術的基本。

利用對稱性

自古希臘時代以來，左右對稱一直被人們視為判斷人類美醜的重要因素。只要看到對稱的東西，幾乎所有人都會無條件地認為那是美麗的。事實上，根據二〇〇八年布魯內爾大學（英國）團隊所發表的研究，人類在尋找戀人時，似乎會從對方身體的**左右對稱性**去評價體態的美感。在此研究之前，人們也已經發現臉部五官愈對稱，看起來愈有美感。無論如何，有關**對稱性是構成美感的基礎**，應該很少有人會反對吧？媽媽在幫小朋友剪頭髮的時候，會一邊嚷嚷著：

「哎呀，右邊好像剪太短了！」

然後一邊把左邊的頭髮剪得更短，正是因為意識到左右對稱的重要性（笑）。

把這種對美的感覺加以活用，並在數學中**講究對稱性**，**是一件非常有意義的事**。因為如果能夠找出對稱性或加以活用，很多問題即可迎刃而解。以下將介紹幾個活用對稱性的範例：

1

（1）利用圖

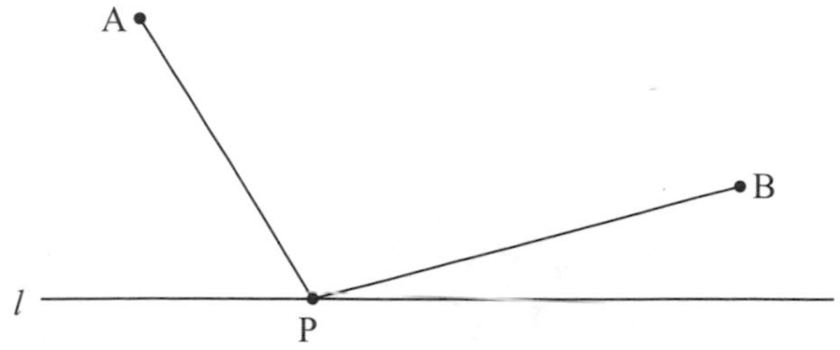

如果要在上圖中，找出使 AP+PB 距離最短的點 P，只要**利用 l 找出點 B 的對稱點 B'**，即可順利解決此問題。

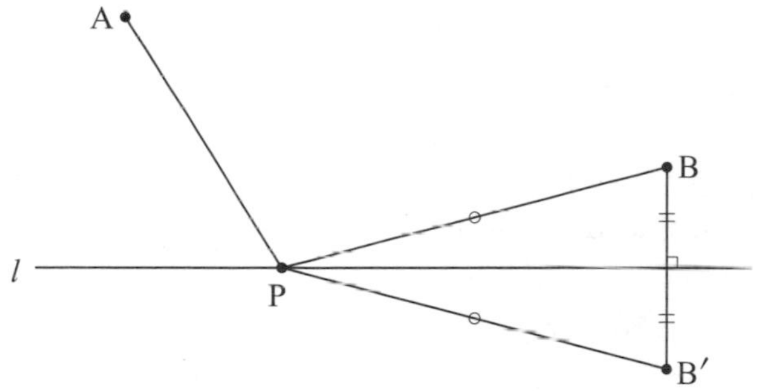

如此一來，△ PBB' 即為等腰三角形，故 PB=PB'。換句話說，

$$AP+PB=AP+PB'$$

沒錯吧？

⬅ **接下來請看②**

②

由於兩點之間的最短距離是直線，因此當 P 位在下圖直線 AB' 上的點 P_0 時，AP+PB' 的長度自然是最短距離。

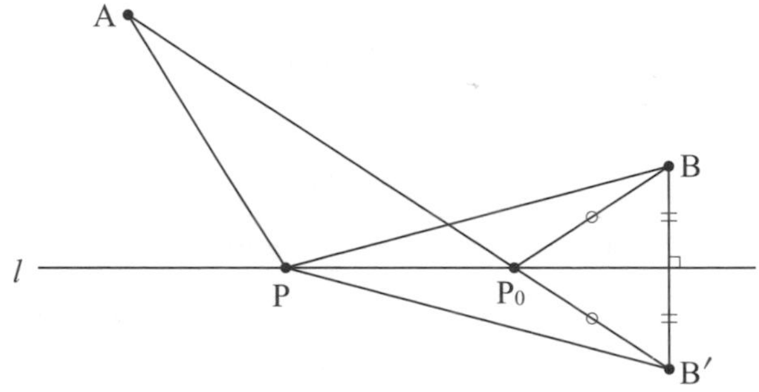

（2）利用式子的對稱

$$x+y \text{、} xy \text{、} x^2+y^2 \text{、} x^3+y^3 \text{、} \frac{y}{x}+\frac{x}{y}$$

即使任意代換文字也不改變其意義的多項式，就稱**對稱式**。由於**對稱式一定可以用基本對稱式（x+y 和 xy）來表示**，因此當我們注意到題目中的式子是對稱式時，即可參考以下的方式，把原本的題目變形為基本對稱式，再利用基本對稱式求解即可。

$$x^2+y^2=(x+y)^2-2xy$$

$$x^3+y^3=(x+y)^3-3xy(x+y)$$

$$\frac{y}{x}+\frac{x}{y}=\frac{(x+y)^2-2xy}{xy}$$

← 接下來請看③

3

（3）設定對稱的條件

學例來說，當我們在解△ ABC 的證明問題，並設定座標時，

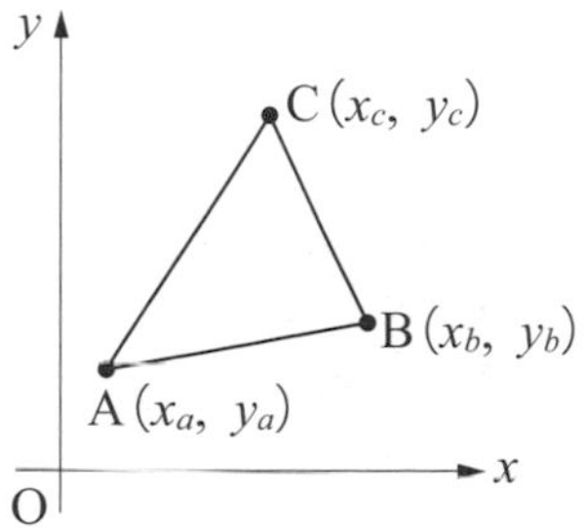

如果像這樣設定的話，計算過程會變得十分複雜。不過呢，

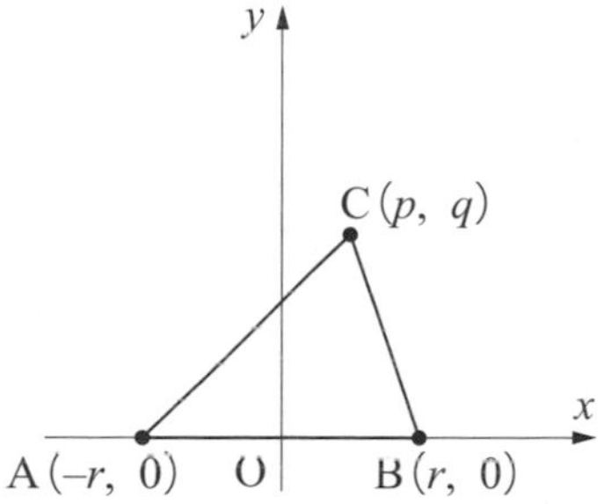

如果像這樣把 AB 置於 x 軸上，再**以原點為中心，把 A 和 B 設定為對稱的座標**，即可簡化計算的過程。

只要把某樣東西和對稱的另一樣東西湊成一對，即可看清楚事物的全貌，進而使資訊量大幅增加，或是簡化流程並達到事半功倍的效果。

我想能夠活用對稱性的機會，在實際生活中也所在多有，像是簡報或會議時使用的資料，其實也可以加以應用。

（1）**數與算式**
- **數與集合**
  - 實數
  - 集合
- **算式**
  - 算式的展開與因式分解
  - 一元一次不等式

（2）**圖形和計量**
- **三角比**
  - 銳角三角比
  - 鈍角三角比
  - 正弦定理
  - 餘弦定理
- **圖形的計量**

（3）**二次函數**
- **二次函數及其圖形**
- **二次函數值的變化**
  - 二次函數的最大值與最小值
  - 一元二次方程式
  - 一元二次不等式

（4）**資料的分析**
- **資料的離散**
- **資料的相關**

右邊彙總的資料是國一數學各單元的內容。像這樣利用對稱性，把資料排列得整齊美觀，看起來就一目瞭然了吧？而且在對稱性的幫助下，一眼就可以看出「數與算式」和「圖形和計量」是同一階層的大單元，「實數」和「一元一次不等式」是同一階層的小單元。無論是在自己製作資料，或是在瀏覽他人製作的資料時，只要關注資料的對稱性，即可輕鬆掌握整體的架構。

追求一致性

各位知道人類至今為止發現的數學式當中，號稱最美的式子是哪一個嗎？就是一個名為「歐拉公式」的數學式。這個公式長得就像這樣（此處不需要理解這個公式，還請各位放心欣賞）：

$$e^{i\theta}=\cos\theta+i\sin\theta$$

這個數學式代表的涵義是：起源完全不同的指數函數（$e^{i\theta}$）和三角函數（$\cos\theta$和$\sin\theta$），在複質數的世界裡存在著密切的關係。不僅如此，如果用π代入歐拉公式的θ，此公式就會變形為：

$$e^{i\pi}+1=0$$

由於我們可以藉此看出 e（自然對數的底數）、i（虛數單位）、π（圓周率）、1（乘法的單位元）和0（加法的單位元）這幾個非常重要的數之間的關聯，因此也更加凸顯出此公式的重要性。

在戰後的數學教育中留下重要足跡的遠山啟，曾經將此公式形容為：**「連接太平洋和大西洋的巴拿馬運河」**。此外，《歐拉的禮物》（日本東海大學出版會）作者吉田武，把此公式比喻為連接虛與實、圓與三角的**「不可思議的環」**。連物理學家費曼（Richard Feynman）都稱其為**「人類的至寶」**。

對於學習數學的人來說，此公式之所以顯得如此美麗，原因不僅是因為它可以應用的範圍很廣，也因為它是一個**結合了不同概念且形式非常簡單的數學式**。

十九世紀初，活躍於英國的詩人約翰・濟慈（John Keats），在他的〈希臘古甕頌〉（Ode on a Grecian Urn）的最後一節寫道：

「**美即是真，真即美。（Beauty is truth, truth beauty.）**」

美麗的東西就是真實，真實的東西是美麗的，從這句話看來，濟慈似乎認為「美（等價）真實」。雖然我很希望看到前半句的「美麗的東西就是真實（美⇓真實）」成立，可惜事實上也存在著明顯的反例，不過至少後半句的「真實是美麗的（真實⇓美）」，早在這首詩誕生前，就一直是科學家心中的信條。**「宇宙的真理是美麗的」**，這句話應該可說是古今中外學者共同的信仰吧。那麼此處所謂的美，指的究竟是什麼呢？答案就跟方才歐拉公式的美一樣，指的就是**單純的一致性**。

舉例來說，「統一場論」是現代物理學的重要議題。物理學家們試圖理論式地整合重力、電磁力、強核力和弱核力等四種力。雖然這邊寫的是「現代物理學」的議題，但自然物理學界早從最初開始，就一直夢想著要把這個世界上的所有力量加以統一。牛頓和馬克士威（James Clerk Maxwell）都是在追求這個夢想的路上富有勇氣的挑戰者之一。他們所有精采的理論，幾乎都是在嘗試尋找能統一說明這個世界的通則時誕生。

很可惜的是，他們的夢想並未實現，不過挑戰這個夢想的人，並不是只有他們而已。一直以來，有無數的科學家，無論赫赫有名或默默無聞，把人生奉獻給「找到通則」的夢想，並前仆後繼地遭遇失敗。

為何科學家能夠把人生奉獻給前途渺茫的夢想呢？那是因為他們發自內心相信「**世界應該是單純而美麗的**」，而科學家應該也一致認同一件事，就是「未能發現掌管宇宙的美麗理論，都是因為人類太過駑鈍」。

數學是一門建立在「看穿事物本質」之精神上的學問。但尚未被揭發的本質究竟躲在哪裡呢？像這樣令人毫無頭緒的情況比比皆是。無論在工作或生活上，人們因為無法看穿本質而苦惱的經驗應該不少吧。遍尋不著的時候，大部分的人都會不自覺地往複雜的方向思考。在這種時候，不妨稍微**停下腳步吧**。捨棄原先的想法，讓思緒回到最單純的狀態。

因為本質從來就不是複雜的。

此外，當你認為自己發現了「本質」，但想確認它是不是真正的本質時，請**檢視該本質是否可以用來統一說明**大部分的情況。如果它只適用於特定情況，那肯定不是真正的本質。

「我怎麼會知道那種事呢？本質有可能是複雜多變的啊！」

如果你這樣說的話，一切就到此為止了。但我們至少可以確定的一點是，**想要統一說明、甚至想讓說明愈簡單愈好**的欲望，是非常數學式的一種思維。而我認為人類的歷史已經為我們證明，這樣的思維正是帶領我們看穿事物本質的最佳功臣。

後記

辛苦了！首先，我想對讀完本書的你，表達我的感謝與敬意。再來，不曉得你現在感想如何呢？是覺得「好難喔」，還是覺得「沒想到還蠻簡單的嘛」？身為本書的筆者，我當然希望答案是後者啦……。

正如我在前言所說，這本書是為了提醒各位，無論來自文組或理組，你絕對擁有以數學邏輯思考的能力。本書中介紹的內容並沒有任何新的觀念，完全是各位在無意識之中採取的思考方式。

一般來說，自稱數學不好的人，很多容易過度逃避理論性或含有數學觀念在內的事物。但數學式思考是任何人都能做到的事，重點就在於能否清楚意識到思考的方式。

舉例而言，「運用必要條件進行篩選（第三章的面向②）」和「反證法（第三章的面向⑥）」等，都是在很簡單的事情上，使用各位平時常用的思考方式。如果各位能夠意識到自己的思考方式，久而久之，自然也能夠將之運用在更困難的問題上。

能夠培養出應用能力，正是意識到數學思考術的妙處。從今以後，碰到無法以直覺解決的問題時，各位再也不必感到畏縮了。請運用第三章介紹的七種數學思考術，盡情享受與問題鬥智的喜悅與興奮吧。

接下來要介紹的是Google（谷歌）在二〇〇四年刊登的徵才廣告。這則廣告曾經在網路上掀起一波討論的熱潮，因此可能有很多人對它有印象。我想用數學式思考術示範如何解決這道題目。

①

Google的徵才廣告

2004 年，矽谷的高速公路旁突然架起了一個巨大的看板。看板是整塊白色，上面只寫著：

{first 10-digit prime found in consecutive digits of e}.com

其實這是一則 Google（谷歌）的徵才廣告，但看板上完全未顯示此訊息。如果將看板內容翻譯成中文的話，就是：

{e 中出現的第一個由 10 個連續數字組成的質數}.com

看到「e 的連續數字」，應該有很多人會疑惑：「這是什麼意思？」其實它指的就是：

自然對數的底數 $e=2.718\cdots\cdots$

自然對數的底數 e，是由下方這個稍微複雜的式子所定義的數字（也有別的定義），但此處我們就先不深入探討這個部分了（這是日本高中數學 III 的內容）。

$$\lim_{h\to 0}\frac{e^h-1}{h}=1$$

← 接下來請看②

2

比較值得一書的是，e 的值為：

2.718281828459045235360287471352662497757247093699959574966967627724076630353547594571382178525166427427466391932003059921817413596629043572900334295260595630738132328627943490763233829880753195251019011573834187930702154089149934884167509244761460668082264800168477411853742345442437107539077744992069551702761838606261331384583000752044933826560297606737113200709328709127443747047230696977209310141692836819025515108657463772111252389784425056953696770785449969967946864454905987931636889230098793127736178215424999229576351482208269895193668033182528869398496465105820939239829488793320362509443117301238197068416140397019837679320683282376464804295311802328782509819455815301756717361332069811250996181881593041690351598888519345807273866738589422879228499892086805825749279610484198444363463244968487560233624827041978623209002160990235304369941849146314093431738143640546253152096183690888707016768396424378140592714563549061303107208510383750510115747704171898610687...

它是一個無限不循環的小數（無理數）。好了，接下來我們必須從中找出第一組由連續 10 個數字所組成的質數。

質數的尋找方式

順帶一提，我們應該如何分辨一個數字究竟是不是質數呢？所謂的質數，指的是除了 1 和本身以外，沒有其他因數的自然數。**首先，我們來具體地思考一下。**

假設我們要尋找 49 這個數字的因數好了。

$$49=1\times 49$$
$$49=7\times 7$$

由此可知，49 的因數為 1、7 和 49，沒錯吧？除了 1 和 49 之外，7 也是 49 的因數，所以 49 並非質數。

← **接下來請看③**

③

那麼，13 的話又如何呢？ 13 除了 1 和 13 之外，無法用 2 ～ 12 任何一個數字整除，所以 13 也是質數對吧？我們可以試著除除看。

$$13 \div 2 = 6 \cdots\cdots 1$$ ：無法整除
$$13 \div 3 = 4 \cdots\cdots 1$$ ：無法整除

好了。由此可知 13 是質數。咦？只要做到這種程度就夠了嗎？是的，這樣就夠了。（︿_︿）

$$3 \times 3 < 13 < 4 \times 4$$
故 $3 < \sqrt{13} < 4$

因此，假如 13 不是質數的話，肯定有 3 以下的質因數。……話雖如此，各位看了應該還是無法完全領會吧？所以我決定再深入說明一下。假設：

$$13 = x \times y$$

此時，x 和 y 都是 13 的因數對吧？我們可以把上面的式子變形為：

$$y = \frac{13}{x}$$

換言之，y 和 x 成反比。反比的圖形如右所示。

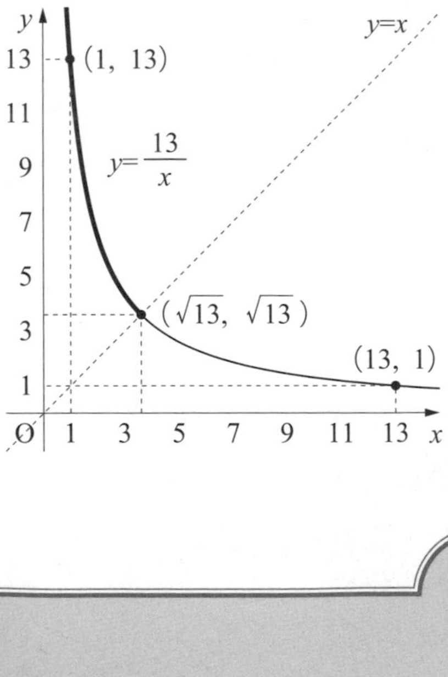

⬅ 接下來請看④

4

尋找某數字的因數，意思等同於在反比圖形上尋找格子點（x 座標和 y 座標皆為整數的點）。而**反比的圖形對稱於 $y=x$**，因此我們只要在前頁圖形的粗線部分尋找格子點即可。具體來說，就是在

$$x \leq \sqrt{13}$$

的部分尋找即可。

我們再找一個大一點的數字來練習吧。假如用 151 好了。要確認這個數字是否為質數，只要用 2、3、5、7、11……從小的質數開始逐一相除即可，不過由

$$12^2=144$$
$$13^2=169$$

可知：

$$12 \times 12 < 151 < 13 \times 13$$
$$\Rightarrow \sqrt{151} < 13$$

因此，如果 151 不是質數的話，肯定有未滿 13 的因數。所以我們只要計算到未滿 13 的質數，亦即 11 為止即可。

$151 \div 2 = 75$……1：無法整除　　$151 \div 3 = 50$……1：無法整除
$151 \div 5 = 30$……1：無法整除　　$151 \div 7 = 21$……4：無法整除
$151 \div 11 = 13$……8：無法整除

由此可知，151 是質數。

若要將以上的內容抽象化，就是：如欲確認某數是否為質數，只要除以未滿平方根的質數即可。瞭解質數的尋找方式以後，現在我們終於可以開始挑戰 Google 的問題了。

← **接下來請看⑤**

5

挑戰 Google 的問題

現在，假設 N 是一個十位數的質數。此時，由於

$$N<10^{10}$$

因此

$$\sqrt{N}<\sqrt{10^{10}}=10^{5}$$

所以如果要實際計算的話，只需要除以未滿 10^5 的質數（5 位數以下的質數）即可。換言之，就是除以 1 到 99999 之間的質數。雖然質數呈不規則排列，但網路上隨處可以查到相關資料。從 1 到 99999 之間的質數包括：

$$2, 3, 5, 7, 11, 13, 17\cdots\cdots 99961, 99971, 99989, 99991$$

總共有 9592 個。

接下來我們將用 Excel 等試算表軟體**進行整理**。首先，在剛才的自然對數數列中，從小數點以下第一位開始截取十位數字，並依序向下挪一個位數，然後把數字橫向排列。接著再把 10 萬以下的質數縱向排列。最後相互交叉運算後，即可較容易找到答案。答案是……

e=2.718281828459045235360287471352662497757247093699959574966967
627724076630353547594571382178525166427**7427466391**932……

大概在小數以下第 100 位的地方出現的「7427466391」。

聽說當時只要連上 {**7427466391.com**} 的網站，再解開下一道題目，就可以把履歷表寄給 Google 了。

真不愧是Google，出給大家一道這麼有意思的題目。從這則乍看之下令人摸不著頭緒的廣告中，可以看出應徵者是否具有：

（ⅰ）知道自然對數底數e的**數學素養**
（ⅱ）懂得如何確認某數字是否為質數的**思考能力**
（ⅲ）對e的數列或十萬以下質數的**調查能力**
（ⅳ）基本的**程式（試算表軟體）操作能力**
（ⅴ）嘗試解決奇怪問題的**求知欲**

其中我認為最重要的就是（ⅴ）：是否具有求知欲。這道題目幾乎不可能光靠直覺解題。不過，正如各位所見，只要運用「利用對稱性」、「套用具體實例」、「抽象化」、「整理」等數學式思考，其實不必費盡千辛萬苦也能夠順利得出解答。關鍵在於是否擁有挑戰這類奇怪問題的好奇心，亦即是否具備足夠的勇氣，而這將會決定一個人能否在這場求職考驗中闖關成功。本書介紹的數學式思考的七個面向，正是讓各位獲取這份勇氣的工具。

只要能夠有所意識並加以運用數學式思考，你就可以脫離不擅長數學的行列，從此以後再也不必因為覺得「我數學不好」而放棄邏輯式的思考。在我完成本書的這一刻，誠心希望各位讀者在未來，能抬頭挺胸地成為一名能夠以數學邏輯思考的人。

永野裕之

◉參考文獻

《系統現代文》出口汪　著（日本水王社）

《東大數學多爭取一分的方法　理組篇》安田亨　著（日本東京出版）

《超有趣實用工作數學》西成活裕　著（日本日經 BP 社）

《鍛鍊你的數學雷達（生活應用篇）》秋山仁　著（日本 NHK 出版）

《有趣的東大數學入試問題》長岡亮介　著（日本評論社）

《能夠控制怒氣和不能控制怒氣的人》亞伯・艾里斯、雷蒙・奇普・塔弗瑞　著（日本金子書房）

《歐拉的禮物》吉田武　著（日本東海大學出版會）

《給大人的數學學習法》（日本 DIAMOND 社）

《給大人的國中數學學習法》（日本 DIAMOND 社）

（以上皆為暫譯）

部落客的漢堡實驗

http://aht.seriouseats.com/archives/2010/11/the-burger-lab-revisiting-the-myth-of-the-12-year-old-burger-testing-results.html?ref=carousel

〈風一吹，木桶店就會賺錢〉『維基百科日文版』（http://ja.wikipedia.org/）。

二〇一三年十月二日十四時（日本時間）取得最新版。

〈對精神障礙者的偏見和媒體的角色〉『由紀　緣網』

http://www.yuki-enishi.com/media_shougai/media_shougai-02.html

科普漫遊 FQ1031X

喚醒你與生俱來的數學力：重整邏輯思考系統，激發數理分析潛能的七個關鍵概念

根っからの文系のためのシンプル数学発想術

原著作者 永野裕之
譯　　者 劉格安
責任編輯 謝至平（一版），鄭家暐（二版）
封面設計 倪旻鋒
排　　版 漾格科技股份有限公司
行銷企畫 陳彩玉、薛綸
編輯總監 劉麗真
總 經 理 陳逸瑛
發 行 人 涂玉雲
出　　版 臉譜出版
城邦文化事業股份有限公司
台北市中山區民生東路二段 141 號 5 樓
電話：886-2-25007696 傳真：886-2-25001952
發　　行 英屬蓋曼群島商家庭傳媒股份有限公司城邦分公司
台北市中山區民生東路二段 141 號 11 樓
客服服務專線：886-2-25007718；2500-7719
24 小時傳真專線：886-2-25001990；25001991
服務時間：週一至週五上午 09:30-12:00；下午 13:30-17:00
劃撥帳號：19863813；戶名：書虫股份有限公司
城邦花園網址：http://www.cite.com.tw
讀者服務信箱：service@readingclub.com.tw
香港發行所 城邦（香港）出版集團有限公司
香港灣仔駱克道 193 號東超商業中心 1 樓
電話：（852）2508-6231　傳真：（852）2578-9337
E-mail：hkcite@biznetvigator.com
馬新發行所 城邦（馬新）出版集團
Cite（M）Sdn.Bhd.
41, Jalan Radin Anum, Bandar Baru Sri Petaling,
57000 Kuala Lumpur, Malaysia.
電話：（603）9057-8822 傳真：（603）9057-6622
E-mail：cite@cite.com.my

一版一刷 2014 年 12 月
二版一刷 2020 年 1 月
ISBN 978-986-235-808-5

定價：320 元

國家圖書館出版品預行編目資料

喚醒你與生俱來的數學力：重整邏輯思考系統，激發數理分析潛能的七個關鍵概念 / 永野裕之著；劉格安譯. -- 二版. -- 臺北市：臉譜，城邦文化出版：家庭傳媒城邦分公司發行, 2020.01
面；　公分. -- (科普漫遊；FQ1031X)
譯自：根っからの文系のためのシンプル数学発想術
ISBN 978-986-235-808-5(平裝)

1. 數學 2. 學習方法
310　　108022554